地理信息系统及其在园林中的应用

主　编　赵　群　　郭丽萍
副主编　甘宇亮　　杨大兵
参编者　尹　洁　　张维妮

气象出版社
China Meteorological Press

内 容 简 介

本书主要讲述了地理信息系统的基本概念、基本原理及其在农林业中的应用。全书共分九章,具体内容包括:地理信息系统的基本概念,地理信息系统空间数据结构,地理信息系统数据库,空间分析,数字高程模型,地理信息系统在林业中的应用,农业种植结构调整空间决策支持系统,地理信息系统在园林中的应用等。本书可作为高等院校园林、林学、城市规划等有关专业的地理信息系统课程的基本教材,也可作为园林规划、城市规划设计及林业等相关单位工程技术人员的参考书。

图书在版编目(CIP)数据

地理信息系统及其在园林中的应用/赵群,郭丽萍主编.

北京:气象出版社,2011.2

ISBN 978-7-5029-5168-9

Ⅰ.①地… Ⅱ.①赵… ②郭… Ⅲ.①地理信息系统-应用-园林
Ⅳ.①P208②TU986-39

中国版本图书馆 CIP 数据核字(2011)第 020175 号

出版发行:气象出版社

地　　址:北京市海淀区中关村南大街 46 号　　　邮政编码:100081
总　编　室:010-68407112　　　　　　　　　　　发 行 部:010-68409198
网　　址:http://www.cmp.cma.gov.cn　　　　　　E-mail:qxcbs@cma.gov.cn
责任编辑:方益民　林雨晨　　　　　　　　　　　终　　审:周诗健
封面设计:博雅思企划　　　　　　　　　　　　　责任技编:吴庭芳
责任校对:永　通
印　　刷:北京京科印刷有限公司
开　　本:720 mm×960 mm　1/16　　　　　　　印　张:11.75
字　　数:225 千字
版　　次:2011 年 3 月第 1 版　　　　　　　　　印　次:2011 年 3 月第 1 次印刷
印　　数:1—3000　　　　　　　　　　　　　　定　价:25.00 元

前　言

　　本教材在广泛收集和查阅大量地理信息系统相关资料的基础上,结合地理信息系统的应用和发展,对地理信息系统的基本概念和基本原理及应用作了适当介绍。

　　本教材主要内容注重介绍地理信息系统的理论和地理信息系统在农林业中的应用,使园林和林学等相关专业人员,在学习地理信息系统理论的同时,了解其在农林业中的应用,能够更好地掌握这门技术。本教材在选材和内容表达上尽量做到简明通俗,注重实用,适合初、中、高级技术人员和大专院校师生参考和阅读。

　　本书共分九章,第一章至第四章由郭丽萍编写,第五章至第九章由赵群、甘宇亮、杨大兵编写。书中部分图、表和统稿由赵群、尹洁、张维妮整理。

　　由于编者水平和时间有限,书中难免有错误和不当之处,敬请读者给予批评指正。

编者

2010 年 10 月

目　录

第一章　绪　论

21世纪是信息时代,网络技术、信息处理技术、数据库技术、决策支持系统和智能应用系统的发展,使人类生活和社会面貌发生了深刻的变化,极大地促进了环境、资源、城市等学科在规划、管理、决策、分析过程中的可靠性和科学性。地理信息系统作为重要组成部分,日益受到相关部门的重视。

第一节　地理信息系统的基本概念

一、数据与信息

数据是通过数字化并记录下来的可以被识别的符号,用以定性或定量地描述事物的特征和状况,数字、文字、符号、图像和声音等都可以是数据,而并非只有能输入计算机系统的才为数据。

信息是现实世界中各种事物的特征、形态以及不同事物间的联系等在人脑里的抽象反映。狭义的信息是指人们获得信息前后对事物认识的差别;广义的信息是指主体与外部客体之间的一切有用信息或知识,是表征事物特征的一种普遍形式。

信息具有与客观事实紧密相关的客观性;信息具有实时性和时间价值的时效性;信息具有可以在时空之间实现传递的传输性;信息具有可以在多个用户之间传输,为多个用户共享的共享性等特点。

二、数据与信息的关系

信息与数据是不可分离的,有着十分密切的联系。数据是信息的载体,是反映客观事物属性的记录。数据是信息的表达形式。任何事物的属性都是通过数据来表达的。数据通过解释才有意义,经过加工处理才成为信息,只有理解了数据的含义,对数据作解释,才能得到数据中所包含的信息。

信息是数据的内涵,是数据的内容和解释。信息必须通过数据才能传播。如数字"0"和"1",当用来表示某种地理现象在某个地域内是否存在时,它就具有了存在

（用"1"表示）和不存在（用"0"表示）的信息。如数据 2,4,6,8,…,是一组数据,分析后得出它是一组等差数列,那它是一条信息,是有用的数据;而数据 2,41,6,11,…,不能说明任何东西,它就不是信息。

三、地理数据与地理信息

地理数据是直接或间接关联着相对地球的某个地点的数据,是表示地理位置、分布特点的自然现象和社会现象的诸要素文件。它包括自然地理数据和社会经济数据。如土地利用类型数据、植被数据、土壤数据、水文数据、地质地貌数据、城镇居民地数据、行政界限及社会经济数据等。

地理信息是广义信息的概念,它不随数据形式的改变而改变。地理信息（geographic information）是指与地理空间分布有关的信息,它是以数字、文字、图形、图像形式表示的地表物体和环境固有的数量、质量、分布特征、联系及规律的总称。

从地理实体到地理数据,再到地理信息的发展,反映了人类认识的巨大飞跃。地理信息属于空间信息,其位置的识别是与数据联系在一起的,它具有区域性,这是地理信息区别于其他类型信息的最显著的标志。地理信息又具有多维结构的特征,即在同一 XY 位置上具有多个专题和属性的信息结构。例如在一个地面点位上,可取得高度、噪声、污染、交通等多种信息。而且,地理信息有明显的时序特征,即动态变化的特征,这就要求及时采集和更新它们,并根据多时相的数据和信息来寻找随时间变化的分布规律,进而对未来作出预测或预报。

四、地理信息系统的定义

地理信息系统（Geographic Information System）,简称 GIS,是一种同时管理地理空间信息和数据库属性数据的信息系统。在传统的信息系统中,数据主要保存在数据库中,如果数据库中的数据仅以文字的形式表现出来,不仅形式呆板,而且可能将一些重要的信息隐藏在文字背后。如果借助地图的形式来表达,就会很生动。最原始的解决方案是使用一张纸地图,在上面将数据库的数据标出,然后在地图上分析,这种方法非常烦琐,如果利用 GIS 提供的数据的地理属性,就可以将这些数据分层、分类叠加在电子地图上,并且地图对象与数据库属性数据建立对应关系,这样通过 GIS 就可以轻松地实现地图与数据库的双向查询。例如对投资环境的分析,需要用到现代理论和方法,这些理论和方法涉及的范围很广,包括区位论、城市土地经济理论、城市空间经济学、城市交通经济学、模糊数学、层次分析法、统计方法和数据库方法、专家系统法等,仅凭某种方法是不能胜任对投资环境的分析,GIS 是能使现代理论和方法统一在一起的唯一的信息系统。

由此可以看出,GIS 给信息系统带来的不仅仅是使显示地图锦上添花,而且是通过将数据进行直观的、可视化的分析和查询,发掘隐藏在文本数据之中的各种潜在的联系,为用户提供一种崭新的决策支持方式。

地理信息系统是处理地理信息的系统。首先,GIS 是一种计算机系统,它具备一般计算机系统所具有的功能,如采集、管理、分析和表达数据等功能。其次,GIS 处理的数据都和地理信息有着直接间接的关系。地理信息是有关地理实体的性质、特征、运动状态的表征和一切有用的知识,而地理数据则是各种地理特征和现象间关系的符号化表示,包括空间位置、属性特征(简称属性)及时域特征三部分。空间位置数据描述地物或现象所在的位置;属性数据有时又称做非空间数据,是属于一定地物或现象、描述其特征的定性或定量指标;时域特征是指地理数据采集或地理现象发生的时刻或时段。

D. J. Cowen(1988)在分析现有地理信息系统定义的基础上,将其归结为以下四类:

1. 面向数据处理过程的定义

这种定义认为地理信息系统由地理数据的输入、存储、查询、分析与输出等子系统组成。过程定义本身很清楚,强调数据的处理流程,但其外延太广泛,不利于将地理信息系统与其他地理数据自动化处理系统分开。

2. 面向专题应用的定义

在面向过程定义的基础上,按其分析的信息类型来定义地理信息系统,如土地利用信息系统、矿产资源管理信息系统、投资环境评估信息系统、城市交通管理信息系统等。面向专题应用的定义有助于描述地理信息系统的应用领域范畴。

3. 工具箱定义

这种定义基于软件系统分析的观点,认为地理信息系统包括各种复杂的处理空间数据的计算机程序和各种算法。工具箱定义系统地描述了地理信息系统软件应具备的功能,为软件系统的评价提供了基本的技术指标。

4. 数据库定义

在工具箱定义的基础上,更加强调分析工具和数据库间的连接。一个通用的地理信息系统可看成是许多特殊的空间分析方法与数据管理系统的结合。

另外,从地理信息系统在实际应用中的作用与地位来看,目前对地理信息系统的认识可归纳为三个相互独立又相互关联的观点。一是地图观点,强调地理信息系统作为信息载体与传播媒介的地图功能,认为地理信息系统是一种地图数据处理与显示系统,每个地理数据集可看成是一张地图,通过地图代数实现数据的操作与运算,其结果仍然表现为一张具有新内容的地图。测绘及各种专题地图部门非常重视地理信息系统的快速生产高质量地图的能力。第二种观点称为数据库观点,多为具有计算机科学背景的用户所接纳,强调数据库系统在地理信息系统中的重要地位,认为一个完整的数据库管理系统是任何一个成功的地理信息系统不可缺少的部分。第三种观点则是分析工具观点,强调地理信息系统的空间分析与模型分析功能,认为地理信息系统是一门空间信息科学。第三种观点普遍为地理信息系统界所接受,并认为这是区分地理信息系统与其他地理数据自动化处理系统的唯一特征。

目前,对地理信息系统的定义还存在分歧。这种分歧起因于地理信息系统本身诞生历史不长、发展速度很快、应用领域广泛等因素。因此,地理信息系统的定义可能基于系统具备的功能,也可能基于应用或其他方面。美国 Parker 认为"地理信息系统是一种存储、分析和显示空间数据的信息技术";Michael Goodchild 认为"地理信息系统是采集、存储、管理、分析和显示有关地理现象信息的综合系统";美国联邦数字地图协调委员会认为"地理信息系统是由计算机硬件、软件和不同方法组成的系统,该系统设计来支持空间数据的采集、管理、处理、分析、建模和显示,以便解决复杂的规划和管理问题";加拿大 Roger Tomlinson 认为"地理信息系统是全方位分析和操作地理数据的数字系统";Peter Burroughs 认为"地理信息系统属于从现实世界中采集、存储、提取、转换和显示空间数据的一组有力工具";俄罗斯学者认为"地理信息系统是一种解决各种复杂的地理相关问题,以及具有内部联系的工具集合"。

不同的人从不同的角度对地理信息系统的定义不尽相同,综上所述,地理信息系统从技术内涵角度定义为用于采集、模拟、处理、检索、分析和表达地理空间数据的计算机信息系统。地理信息系统是有关空间数据管理和空间信息分析的计算机系统。从 GIS 系统应用角度,可进一步定义为:"GIS 由计算机系统、地理数据和用户组成,通过对地理数据的集成、存储、检索、操作和分析,生成并输出各种地理信息,从而为土地利用、资源评价与管理、环境监测、交通运输、经济建设、城市规划以及政府部门行政管理提供新的知识,为工程设计和规划、管理决策服务。"

GIS 是涉及地学、测量学、数学、空间科学、信息科学、管理科学的一门新兴的交叉学科,同时,地理信息系统是以地理空间数据库为基础,采用地理模型分析方法,实时提供多种空间的动态地理信息,为地理研究和地理决策服务的计算机决策支持技术系统。

第二节 地理信息系统的特征

一般来说,地理信息系统处理数据具有多样性,既包括地图和影像数据,也包括以光盘、磁带为载体的数据,这些数据描述地理空间实体的空间特征和属性特征。地理信息系统的数据是按统一地理坐标系进行编码,数据的空间特征和属性特征相关联,实现地理实体的空间定位、定性和定量描述。地理信息系统具有空间分析功能,通过建立空间模型分析空间数据,模拟空间运行过程,实现辅助决策和预测。

地理信息系统与一般的管理信息系统区别为:(1)地理信息系统在分析处理问题中使用了空间数据与属性数据,并通过数据库管理系统将两者联系在一起共同管理、分析和应用,从而提供了认识地理现象的一种新的思维方法;而管理信息系统则只有属性数据库的管理,即使存储了图形,也往往以文件形式等机械形式存储,不能进行有关空间数据的操作,如空间查询、检索、相邻分析等,更无法进行复杂的空间分析。(2)地理信息系统强调空间分析,通过利用空间解析式模型来分析空间数据,地理信息系统的成功应用依赖于空间分析模型的研究与设计。

地理信息系统具有如下三个特征:

一、空间可视化

1.空间地物轮廓特征的可视化

信息系统是对现实世界的计算机模拟,而地理信息系统则突出了它对现实世界空间关系的模拟,使我们对于在空间中各事物的状态有一个非常直观的感受。无论是在屏幕上展示一幅可以无级缩放和信息查询的地图,还是展现一幅三维的地形模型,都使我们对现实世界空间关系的认识更为直观、具体。

2.地物专题属性信息的可视化

地理信息系统的空间可视化功能还包括对空间分布地物的属性信息的图形可视化,这一点是由地理信息系统的一个重要特征来保证的,即 GIS 实现了空间信息和属性信息的集成管理,并能够完善地建立二者之间的联系。例如,利用一张中国的行政区划图,我们可以从地理信息系统数据库中提取各省、直辖市、自治区人口统计数据,计算人口密度,并按人口密度的分级指标指定不同的色彩和填充方式显示行政区所对应的图斑(这实际上是一个从属性到空间的关联过程),这样空间地物的专题属性特征就可以通过地理信息系统工具实现具有空间参照信息的可视化。

二、空间导向(空间查询与浏览)

地理信息系统的空间导向功能还可以从空间查询功能中得到体现。利用一张省级土地利用图,我们可以通过空间查询找到"城市中的公园",并及时将地图的显示范围缩放到所有"公园"空间分布的范围内,这样同样是空间导向作用的体现。利用地理信息系统,我们不仅可以纵览研究区域的全域,还可以利用缩放和漫游等 GIS 所提供的基本功能,深入到我们更感兴趣的区域去研究。一个完善的地理信息系统提供了空间数据库功能,使我们可以以小比例尺查看全局,以中比例尺查看局部,以大比例尺查看细部。在比例尺不断增大的同时,展现给用户的空间信息内容会不断更新。例如在浏览一个行政省全局时,只需要显示大的河流、省级公路铁路以及市、县级行政分区图斑等全局信息,而随着比例尺的不断增大,就需要显示宗地、建筑物、公园等具体的空间地物。这些与地图学中强调的制图综合的概念是相似的。

三、空间思维(空间分析)

地理信息系统的空间思维功能使我们能够揭示空间关系、空间分布模式和空间发展趋势等其他类型信息系统所无法完成的任务。地理信息系统的空间数据库在存储各地物空间描述信息的同时,还存储了地物之间的空间关系,这一特点为进行空间分析提供了基础。地理信息系统的空间思维,就是要利用 GIS 数据库中已经存储的信息,通过 GIS 的工具(例如缓冲区分析、叠置分析),生成 GIS 空间数据库中并存储的信息。专业地理信息系统软件将许多空间分析工具集成起来,并提供二次开发工具。在进行空间分析时,用户将各种分析工具按所研究领域的专业模型组织成一个程序(即计算机可以识别和操作的思路),交由地理信息系统完成,最后提供空间可视化的分析结果。

第三节 地理信息系统的类型

地理信息系统分为工具型地理信息系统、应用型地理信息系统、实用型地理信息系统。

一、工具型地理信息系统

工具型地理信息系统也称地理信息系统开发平台或外壳,它是具有地理信息系统基本功能,供其他系统调用或用户进行二次开发的操作平台(图 1-1)。

二、应用型地理信息系统

应用型地理信息系统是根据用户的需求和应用目的而设计的一种解决一类或多类实际应用问题的地理信息系统,除了具有地理信息系统的基本功能外,还具有解决地理空间实体及空间信息的分布规律、分布特性及相互依赖关系的应用模型和方法。应用型地理信息系统按研究对象性质和内容又可分为专题地理信息系统(thematic GIS)和区域地理信息系统(regional GIS)。

1. 专题地理信息系统

专题地理信息系统是为特定目的和专业服务,具有有限目标和专业特点的地理信息系统。如森林动态监测信息系统、农作物估产信息系统、草场资源管理信息系

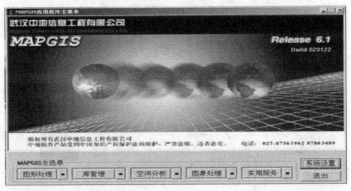

MAPGIS

ARCGIS　　　　　　　　　　　　　MAPINFO

图 1-1　工具型地理信息系统

统、水土流失信息系统、交通规划信息系统、土地详查信息系统(图 1-2)、配电网信息系统(图1-3)、环境保护信息系统(图1-4)等。

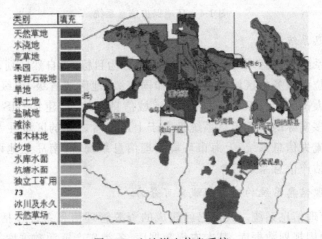

图 1-2　土地详查信息系统

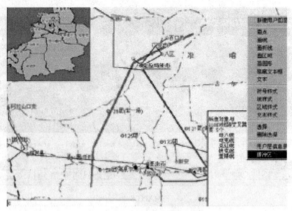

图 1-3　配电网信息系统

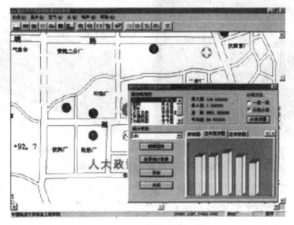

图 1-4　环境保护信息系统

2. 区域信息系统

区域信息系统是以区域综合研究和信息服务为目标，为自然区划、不同级别行政区或流域为单位而服务的区域信息系统，如国家级、地区或省级、市级或县级信息系统等。如加拿大国家信息系统、中国黄河流域信息系统、福建省 GIS 基础数据库信息系统等。许多实际的地理信息系统是介于上述二者之间的区域性专题信息系统。如北京市水土流失信息系统、上海市环境管理信息系统、海南岛土地评价信息系统、河南省冬小麦估产信息系统等。

3. 依照地理信息系统的应用领域又可分为

(1) 资源管理信息系统　我国已经建成的资源管理信息系统包括土地利用现状数据库、土地利用规划数据库、基本农田数据库、各类矿产资源数据库等。

(2) 城乡规划地理信息系统　城乡规划地理信息系统要涉及资源、环境、人口、交通、经济、教育、文化、金融等领域的大量数据,将这些数据信息抽象、综合建立统一的数据库系统,进行城市与区域多目标开发规划,包括城镇总体规划、城市建设用地适宜性评价、道路交通规划、城市环境动态监测等方面。

第四节 地理信息系统的组成和功能

在我国,地理信息系统又称为资源与环境信息系统。地理信息系统主要由四个部分构成,即硬件系统、软件系统、地理空间数据和系统管理操作人员。其核心是软硬件系统,空间数据库反映了 GIS 的地理内容,而管理人员和用户则决定系统的工作方式和信息表示方式。

一、硬件系统

计算机硬件系统是计算机系统中的实际物理装置的总称,可以是电子的、电的、磁的、机械的、光的元件或装置,是 GIS 的物理外壳。系统的规模、精度、速度、功能、形式、使用方法甚至软件都与硬件有极大的关系,受硬件指标的支持或制约。GIS 由于其任务的复杂性和特殊性,必须由计算机设备支持。构成计算机硬件系统的基本组件包括输入/输出设备、中央处理单元、存储器等,这些硬件组件协同工作,向计算机系统提供必要的信息,使其完成任务;保存数据以备现在或将来使用;将处理得到的结果或信息提供给用户。

二、软件系统

GIS 运行所需的软件系统如下:

1. 计算机系统软件

由计算机厂家提供的、为用户使用计算机提供方便的程序系统,通常包括操作系统、汇编程序、编译程序、诊断程序、库程序以及各种维护使用手册、程序说明等,是 GIS 日常工作所必需的软件。

2. 地理信息系统软件和其他支持软件

包括通用的 GIS 软件包,也可以包括数据库管理系统、计算机图形软件包、计算机图像处理系统、CAD 等,用于支持对空间数据输入、存储、转换、输出和与用户接口。

3. 应用分析程序

系统开发人员或用户根据地理专题或区域分析模型编制的用于某种特定应用任务的程序,是系统功能的扩充与延伸。在 GIS 工具支持下,应用程序的开发应是透明的和动态的,与系统的物理存储结构无关,而随着系统应用水平的提高不断地优化和扩充。应用程序作用于地理专题或区域数据,构成 GIS 的具体内容,这是用户最为关心的真正用于地理分析的部分,也是从空间数据中提取地理信息的关键。用户进行系统开发的大部分工作是开发应用程序,而应用程序的水平在很大程度上决定系统的应用性优劣和成败。

三、系统开发、管理与使用人员

人是 GIS 中的重要构成因素,地理信息系统从其设计、建立、运行到维护的整个生命周期,处处都离不开人的作用。仅有系统软硬件和数据还不能构成完整的地理信息系统,还需要人进行系统组织、管理、维护和数据更新、系统扩充完善、应用程序开发,并灵活采用地理分析模型提取多种信息,为研究和决策服务。对于合格的系统设计、运行和使用来说,地理信息系统专业人员是地理信息系统应用的关键,而强有力的组织是系统运行的保障。

四、地理空间数据

地理空间数据是以地球表面空间位置为参照的自然、社会和人文经济景观数据,可以是图形、图像、文字、表格和数字等。它是由系统的建立者通过数字化仪、扫描仪、键盘、磁带机或其他系统通信输入 GIS,是系统程序作用的对象,是 GIS 所表达的现实世界经过模型抽象的实质性内容。不同用途的 GIS 其地理空间数据的种类、精度均不相同,一般情况下包括如下三种数据:

1. 已知坐标系中的位置

即几何坐标,标识地理景观在自然界或包含某个区域的地图中的空间位置,如经纬度、平面直角坐标、极坐标等,采用数字化仪输入时通常采用数字化仪直角坐标或屏幕直角坐标。

2. 实体间的空间关系

实体间的空间关系通常包括:度量关系,如两个地物之间的距离远近;延伸关系(或方位关系),定义了两个地物之间的方位;拓扑关系,定义了地物之间连通、邻接等关系,是 GIS 分析中最基本的关系,其中包括了网络节点与网络线之间的枢纽关系、边界线与面实体间的构成关系、面实体与岛或内部点的包含关系等。

3. 与几何位置无关的属性

即通常所说的非几何属性或简称属性,是与地理实体相联系的地理变量或地理意义。属性分为定性的和定量的两种,前者包括名称、类型、特性等,后者包括数量和等级;定性描述的属性如土壤种类、行政区划等,定量的属性如面积、长度、土地等级、人口数量等。非几何属性一般是经过抽象的概念,通过分类、命名、量算、统计得到。

任何地理实体至少有一个属性,而地理信息系统的分析、检索和表示主要是通过属性的操作运算实现的,因此,属性的分类系统、量算指标对系统的功能有较大的影响。

第五节 GIS 的国内外发展概况

GIS 是为解决资源与环境等全球性问题而发展起来的技术与产业。GIS 起源于 20 世纪 60 年代,1963 年,加拿大测量学家汤姆林森(Roger F. Tomlinson)博士提出把常规地图变成数字形式地图并存入计算机的想法。加拿大开始研究建立世界上第一个地理信息系统(CGIS),随后又出现了美国哈佛大学的 SYMAP 和 GRID 等系统。自那时起,GIS 开始服务于经济建设和社会生活。在北美、西欧和日本等发达国家,现在已建立了国家级、洲际之间以及各种专题性的地理信息系统。我国 GIS 的研究与应用始于 20 世纪 80 年代,近 30 年来发展也十分迅速,在计算机辅助绘制地图等方面开展了大量基础性的试验与研究工作,在理论、技术方法和实践经验等方面都有了长足的进步。

一、国外 GIS 发展的 4 个阶段

1. 学术探索阶段

20 世纪 50 年代,由于电子技术的发展及其在测量与制图学中的应用,人们开始有可能用电子计算机来收集、存储和处理各种与空间和地理分布有关的图形和属性数据。1956 年,奥地利测绘部门首先利用电子计算机建立了地籍数据库,随后这一技术被各国广泛应用于土地测绘与地籍管理。1963 年,加拿大测量学家首先提出地理信息系统这一术语,并建立了世界上第一个地理信息系统——加拿大地理信息系统(CGIS),用于资源与环境的管理和规划。稍后,北美和西欧成立了许多与 GIS 有关的组织与机构,如美国城市与区域信息系统协会(URISA)、国际地理联合会(IGU)、地理数据收集和处理委员会(CGDPS)等,极大地促进了地理信息系统知识与技术的传播和推广应用。

2. 飞速发展阶段

20 世纪 70 年代,由于计算机技术的工业化、标准化与实用化,以及大型商用数据库系统的建立与使用,地理信息系统对地理空间数据的处理速度与能力取得了突破性进展。这个时期,不同专题、不同规模、不同类型的各具特色的地理信息系统在世界各地纷纷研制,美国、加拿大、英国、瑞典和日本等国对地理信息系统的研究都投入了大量的人力、物力、财力。美国纽约州立大学等许多大学开始注意培养地理信息系统方面的人才,创建地理信息系统实验室。1972 年,CGIS 全面投入运行和使用,

成为世界上第一个运行型的地理信息系统。1974 年,日本国土地理院开始建立数字国土地理信息系统。瑞典在中央、区域和城市三级建立了许多地理信息系统,如土地测量信息系统、斯德哥尔摩地理信息系统、城市规划信息系统等。但是由于计算机软硬件、外部设备及 GIS 软件本身价格相当昂贵等限制了 GIS 的应用范围。

3. 推广应用阶段

20 世纪 80 年代,计算机迅速发展和普及,地理信息系统逐步走向成熟。在此期间,地理信息系统已进入多学科领域,由比较简单的、单一功能的、分散的系统发展成为多功能的、用户共享的综合性地理信息系统,并向智能化发展,应用专家系统知识进行分析、预报和决策。

GIS 在此阶段应用的特点为:①关于 GIS 软件、硬件和项目开发的商业公司蓬勃发展。到 1989 年,国际市场上有报价的 GIS 软件达 70 多个,并出现一些有代表性的公司和产品。②数字地理信息的生产标准化、工业化和商品化。各种通用和专用的地理空间分析模型得到深入研究和广泛使用,GIS 的空间分析能力显著增强。③有关 GIS 的具有技术权威和行政权威的行业机构和研究部门在 GIS 的应用发展中发挥引导和驱动作用。

4. 地理信息产业的形成和社会化地理信息系统的出现

20 世纪 90 年代以来,随着互联网络的发展及国民经济信息化的推进,地理信息系统作为大的地理信息中心,进入日常办公室和千家万户之中,从面向专业领域的项目开发到综合性城市与区域的可持续发展研究,从政府行为、学术行为发展到公民行为和信息民主,成为信息社会的重要技术基础。

21 世纪是信息时代,随着网络化 WebGIS 得到进一步发展,GIS 进入信息化服务阶段,地理信息产业在网络技术推动下逐渐走向成熟。

二、国内 GIS 发展现状

我国对 GIS 的研究起步较晚,但是近 30 年来,在各级政府和有关人士的大力呼吁和促动下,我国的地理信息系统事业突飞猛进,成绩巨大。我国 GIS 的发展可以划分为 3 个阶段。

1. 准备阶段(1970—1980 年)

这个阶段主要引入与建立概念和理论体系,试验研究关于遥感分析、制图和数字地面模型,为 GIS 研制和应用做了技术和理论上的准备。

2. 起步阶段(1981—1985 年)

这个阶段主要是软、硬件的引进,相应规范的研究,建立空间数据库,数据处理和分析算法及应用软件的开发,局部系统或试验系统的开发研究等,为 GIS 的全面发展奠定基础。在全国大地测量和数字地面模型建立的基础上,建成了1∶100万国土基础信息系统和全国土地信息系统,1∶400万全国资源和环境信息系统,1∶250万水土保持信息系统。

3.加速发展阶段(1986—1995年)

1985年,中国科学院开始筹建国家资源与环境系统实验室,1994年,中国GIS协会在北京成立。GIS作为一个全国性的研究与应用领域,进行了有计划、有目标、有组织的科学试验与工程建设,取得了一定的社会经济效益。主要表现在:① 制定了国家地理信息系统规范,解决了信息共享和系统兼容问题。②GIS建设引起各级政府的高度重视,其发展机制由学术推动演变为政府推动;研制出了一批GIS软件。③应用型GIS迅速发展,在应用模式、行业模式和管理方面做了有益的探索,出现商品化的国产GIS软件、硬件品牌;出现专门的GIS管理中心、研究机构与公司。④开始出版有关地理信息系统理论技术和应用等方面的著作,出现专门的GIS协会,涌现出一批GIS专门人才;出现专门的刊物与展示会;初步形成全国性的GIS市场。

4.地理信息产业化阶段(1996年至今)

1996年至今,我国GIS技术在技术研究、成果应用、人才培养、软件开发等方面进展迅速。地理信息系统已经在资源开发、环境保护、城市规划、土地管理、林业、农业等方面得到了具体应用。GIS在产业化的道路上,在各行各业发挥着重要的作用,成为了国民经济建设普遍使用的工具。目前,我国GIS的发展正处于向产业化阶段过渡的转折点。能否借助国际大气候的东风,倚重国内经济高速发展的大好形势,搭乘全球信息高速公路的快车,实现地理信息产业化和国民经济信息化,这是国内地理信息界人士面临的严峻挑战和千载难逢的机遇。

三、GIS的发展动向

近年来地理信息系统技术发展迅速,其主要的原动力来自于日益广泛的应用领域对地理信息系统不断提高的要求;另一方面,计算机科学的飞速发展为地理信息系统提供了先进的工具和手段,许多计算机领域的新技术,如面向对象技术、三维技术、图像处理和人工智能技术都可直接应用到地理信息系统中。下面介绍当前地理信息系统研究中的几个热点研究领域。

1.GIS中面向对象技术研究

面向对象方法为人们在计算机上直接描述物理世界提供了一条适合于人类思维模式的方法,面向对象技术在GIS中的应用,即面向对象的GIS,已成为GIS的发展方向。这是因为空间信息较之传统数据库处理的一维信息更为复杂、琐碎,面向对象的方法为描述复杂的空间信息提供了一条直观、结构清晰、组织有序的方法,因而备受重视。面向对象的 GIS 较之传统的 GIS 有下列优点：

（1）所有的地物以对象形式封装，而不是以复杂的关系形式存储，使系统组织结构良好、清晰。

（2）以对象为基础，消除了分层的概念；面向对象的分类结构和组装结构使 GIS 可以直接定义和处理复杂的地物类型。

（3）根据面向对象后编译的思想，用户可以在现有抽象数据类型和空间操作箱上定义自己所需的数据类型和空间操作方法，增强系统的开发性和可扩充性。

2. 时空系统

在地理信息系统中，除了刻画地物在三维空间中的空间性质外，如何刻画时间维的变化也十分重要。传统的地理信息系统只考虑地物的空间特性，忽略了其时间特性。在许多应用领域中，如环境监测、地震救援、天气预报等，空间对象是随时间变化的，而这种动态变化的规律在求解过程中起着十分重要的作用。过去 GIS 忽略时态主要是受器件的限制，也有技术方面的原因。近年来，对 GIS 中时态特性的研究变得十分活跃，即所谓的"时空系统"。通常把 GIS 的时间维分成处理时间维和有效时间维。处理时间又称数据库时间或系统时间，它指在 GIS 中处理发生的时间；有效时间亦称事件时间或实际时间，它是指在实际应用领域中事件出现的时间。根据处理时间和有效时间的划分，可以把时空系统分为 4 类：静态时空系统、历史时态系统、回溯时态系统和双时态系统。

（1）静态时空系统　它既不支持处理时间，也不支持有效时间，系统只保留应用领域的一种状态，比如当前状态。

（2）历史时态系统　它只支持有效时间，这种系统适用于事件实际发生的历史对问题求解十分重要的应用领域。

（3）回溯时态系统　它只支持处理时间，这种系统适用于信息系统的历史对问题求解十分重要的应用领域。

（4）双时态系统　它同时支持处理时间和有效时间。处理时间记录了信息系统的历史，有效时间记录了事件发生的历史。时空系统主要研究时空模型，时空数据的表示、存储、操作、查询和时空分析。

3. 地理信息建模系统

通用 GIS 的空间分析功能对于大多数的应用问题是远远不够的，因为这些领域都有自己独特的专用模型，目前通用的 GIS 大多通过提供进行二次开发的工具和环境来解决这一问题。二次开发工具的一个主要问题是它对于普通用户而言过于困难。而 GIS 成功应用于专门领域的关键在于支持建立该领域特有的空间分析模型。GIS 应当支持面向用户的空间分析模型的定义、生成和检验的环境，支持与用户交互式的基于 GIS 的分析、建模和决策。这种 GIS 系统又称为地理信息建模系统(GIMS)。GIMS 是目前 GIS 研究的热点问题之一。GIMS 的研究有以下几个值得注意的动向。

(1)面向对象在 GIS 中的应用　面向对象技术用对象(实体属性和操作的封装)、对象类结构(分类和组装结构)、对象间的通信来描述客观世界,为描述复杂的三维空间提供了一条结构化的途径。这种技术本身就为模型的定义和表示提供了有效的手段,因而在面向对象 GIS 基础上研究面向对象的模型定义、生成和检验,应当比在传统的 GIS 上用传统方法要容易得多。

(2)GIS 与其他的模型和知识库的结合　这是许多应用领域面临的一个非常实际的问题,即存在 GIS 之外的模型和知识库如何与 GIS 耦合成一个有机整体。

4.GIS 将往高维化发展

GIS 在矿山与地质领域的应用受到很大限制的重要原因是其在处理三维问题上的不足。现有的 GIS 软件虽然可以用数字高程模型来处理空间实体的高程坐标,但是由于它们无法建立空间实体的三维拓扑关系,使得很多真三维操作难以实现,因而人们将现有的 GIS 称为二维 GIS 或 2.5 维 GIS。

矿山、地质以及气象、环境、地球物理、水文等众多的应用领域都需要三维 GIS 平台来支持他们大量的真三维操作。空间可视化技术是指在动态、时空变换、多维的可交互的地图条件下探索视觉效果和提高视觉效果的技术。运用空间可视化技术和虚拟现实技术进行地形环境仿真,真实再现地景,用于交互式观察和分析,提高对地形环境的认知效果,是今后三维 GIS 可视化发展的一个重点。

四维 GIS(4DGIS)一般是指在原有的三维 GIS 基础上加入时间变量而构成的 GIS。许多人认为地质特征是不变的,但实际上大部分地质特征是动态的、变化的,不是所有地质情况都是变化缓慢的,水灾、地震、暴风雨以及滑坡都会使局部地质条件发生快速而巨大的变化。但是,增加一维将带来很大的问题。比如数据量的几何级数增长,致使数据的采集、存取、处理都带来一系列的问题。不过,这些问题可以通过计算机技术、数据库技术以及相关电子技术的发展而得到解决。因此,如何设计 4DGIS 并运用它来描述和处理地理对象的时态特征是一个重要的发展领域。

四、GIS 的应用

GIS 是利用电子计算机及其外部设备,采集、存储、分析和描述整个或部分地球表面与空间信息系统。简单地讲,它是在一定的地域内,将地理空间信息和一些与该地域地理信息相关的属性信息结合起来,达到对地理和属性信息的综合管理。GIS 的研究对象是整个地理空间,而地理信息与地理位置有关,因而 GIS 的发展受到了世界范围的普遍重视。近年来,GIS 在我国也备受重视,并在以下几个方面得到应用。

1.城市地下管网的管理系统

以城市地理信息为基础,可以很精确地反映城市地下管线的分布情况,通过多种方式对管线数据进行查询、更改、统计和管理,极大地提高了管理部门的工作效率。

2.城市综合管理系统

将城市地理信息与相关信息紧密结合,在城市建设、土地规划、交通疏导、治安管理、人口流动等方面的综合管理上发挥作用。

3.港口管理系统

以港口的地理信息为基础,对港区内的船舶、集装箱等信息进行统一管理,明确船舶泊位、进出港时间等船只信息和集装箱堆放位置、到港时间、存放时间等货物信息;根据不同的条件对船舶、货物、设施等项进行查询,并在地图中显示。

4.金融管理分析系统

在一定区域内,通过普查数据,分析该地区的金融结构、居民收入状况、经济发展潜力等项,为金融机构决策提供重要的参考,在创建办事机构的可行性、选址、机构规模上发挥作用。

5.生态环境管理分析系统

系统考察在一定区域内的动植物的种类、分布、迁徙、数量等信息;并对区域内的环境进行分析,为该地区环境改善、动植物保护、科学研究提供可靠的依据和决策资料。

6.森林资源管理地理信息系统

GIS借助于地面调查或遥感图像数据,实现了地籍管理,将资源变化情况落实到山头地块,并利用强大的空间分析功能,可及时对森林资源时空序列、空间分布规律和动态变化过程作出反映,为科学地监测林地资源变化、林地增减原因、掌握征占林地的用途和林地资源消长提供了依据。建立县级森林资源连续清查和"二类"调查数据库系统,完善了森林资源档案,并根据实际经营活动情况及生长模型及时更新数据,为及时准确地掌握森林资源状况和消长变化动态,提供了依据。

7.种植业结构调整空间决策支持系统

利用GIS可以将已经处理好的土地资源评价图、交通状况图、农作物分布现状图与乡镇行政界限图相叠加,以乡镇为单位,统计出各乡镇基本种植条件(包括各乡镇的土地适宜类面积及所占比例,不同适宜性等级土地所占面积及比例,各乡镇拥有主要交通干线2 km缓冲区的面积,每乡镇各主要作物现状分布面积及比重等),建立各乡镇的农作物属性数据库。GIS只需将土地利用现状图、土壤图、农作物分布现状图及行政界限图相叠加,各个乡镇的各类土地适宜性的面积便可以汇总出来,这些数据能够很好地起到决策支撑的作用。

8. 数字园林

数字园林是综合运用地理信息系统(GIS)、遥感(RS)、全球定位系统(GPS)、网络、多媒体和虚拟仿真等高科技手段,对园林的基础设施、功能机制进行自动采集、动态监测管理和辅助决策支持的技术服务体系。

总之,传统的 GIS 系统中的空间数据管理和数据库管理通常都是由 GIS 厂商提供,一方面限制了对其他数据库优点的利用,另一方面也大大提高了应用开发与系统建设的成本。传统的 GIS 系统与 MIS 系统的连接、与多媒体开发工具的衔接不甚方便,影响了 MIS 系统中空间地理信息的利用。控件技术为 GIS 的发展带来革命传统的 GIS 开发平台均采用专门设计的开发语言,如 ArcView 使用 Avenu,MapInfo 使用 MapBasic,这不仅要求程序员重新熟悉一门新语言,而且要了解庞大的函数库、命令库。把 GIS 的功能适当抽象,做成控件形式供开发者使用,将会带来许多传统 GIS 工具无法比拟的优越性。控件的开发建立在严格的标准之上,凡符合微软公司 COM/OLE 标准的控件都可以在目前流行的各种开发工具上使用。这样 VB、VC、DELPHI、POWERBUILDER、NOTES、FOXPRO、ACCESS 等都立刻成为 GIS 的开发工具。由于 GIS 控件可以直接嵌入 MIS 开发工具中,对广大开发人员来讲,就可以自由选用他们非常熟悉的开发工具,这与传统的 GIS 专门性开发环境相比,无疑是一种质的飞跃。

随着国内 GIS 基础研究的发展以及应用领域的不断扩大,在 20 世纪 90 年代相继有一些国内的 GIS 软件产品问世。但是国内 GIS 软件的开发多数源于科研机构和高等院校,基本上处于单兵作战的状态,没有形成研制、开发、推广、应用的产业化体系。另外,国外 GIS 软件虽然目前在国内占据了主要市场,但其昂贵的价格和缺乏针对性仍然使绝大部分用户望而却步,国内 GIS 应用领域的市场绝大部分还处于待开发阶段,因此科技部组织召开的全国地理信息系统工作会议上进一步提出了发展国产 GIS 软件的要求,并且希望有关部门制订地理信息系统软件行业规范。

第六节　林业 GIS 国内外发展状况

对于 GIS 在林业生产领域的应用,国外起步较早,他们在 GIS 开始走向实用前,就进行了这方面的探索。目前国际上已有许多成功的例子,如 20 世纪 80 年代中期加拿大就在林业部门着手进行大范围的应用,目前在加拿大的许多州府及州林业生产管理部门中,GIS 都发挥了巨大作用。加拿大不仅是 GIS 的发源地,也是 GIS 的先驱。加拿大林业 GIS,首先是在不列颠哥伦比亚和阿尔伯亚等重点林业省建立林业数据库并投入使用。

由于我国政府部门的重视和国际组织的援助,我国国家森林资源监测地理信息系统的建设工作目前正在开展,这标志着林业资源管理将开始迈向一个新的里程。基层林业 GIS 的建设在我国势在必行。我国林业工作者在林业资源管理工作中,越来越重视 GIS 的应用,例如林业科学研究院在三北防护林遥感调查中应用 GIS 进行分析及建立数据库;林业部调查规划设计院建立了国家森林资源清查数据库,为全国森林资源管理提供信息基础;西南林学院在云南西双版纳和迪庆州与世界自然基金会合作,开展了生物多样性保护的 GIS 项目;北京林业大学水土保持学院在山西朔州市利用 GIS 进行区域综合治理项目。

在森林资源的调查和监测方面,目前美国已突破了传统的范围,渗透到全球环境变化监测和森林保健(FHM)监测研究。利用航天、遥感技术建立大范围的森林生态图(ECOMAP)和森林健康指数图,对森林的生物和环境因子、森林的健康状况进行连续和动态的研究和监测。自 20 世纪 80 年代中期以来,美国林务局在资源、流域、森林多样性保护等方面的管理监测中广泛推广应用地理信息系统、全球定位系统、遥感技术和计算机等先进技术手段,并对有关数据信息的收集、补充、储存和完善,制定了统一的标准。近年来联邦林务局正在组织一项综合遥感信息处理集成资源数据库的项目研究,目的是将遥感及其相关技术用于 GIS 数据库的建立。在美国,不论是科研、教学部门,还是行政管理部门,从宏观决策、资源数据存储和统计分析到日常工作,计算机应用非常普遍,各项工作的进行都十分规范。

制定森林经营决策方案方面,GIS 借助其拥有的数据库和数据管理功能等,可以很方便地在空间、属性数据的基础上建立生长、预测、经营、决策模型。通过对各种经营过程进行模拟、比较和评价,选择出最优的经营方案,并形成综合或专题报告输出,供决策者参考。1990 年日本的伊藤达夫利用 GIS 制订森林经营开发方案,应用后取得了满意的效果。

GIS 在林业上的应用过程大致分为 3 个阶段,即:

(1)作为森林调查、数据管理的工具　主要特点是建立地理信息库,利用 GIS 绘制森林分布图及产生正规报表。GIS 的应用主要限于制图和简单的查询。

(2)作为资源分析的工具　GIS 已不再限于制图和简单查询,而是以图形及数据的重新处理等分析工作为特征,用于各种目标的分析和推导出新的信息。

(3)作为森林经营管理的工具　主要在于建立各种模型和拟定经营方案等,直接用于决策过程。

3 个阶段反映了林业工作者对 GIS 认识的逐步深入。GIS 在林业上的应用在我国还处在很初级的水平,大部分处在第一阶段。一些先进发达国家,如美国、加拿大等,GIS 在林业上的应用已进入了第二阶段、第三阶段。

在可视化方面,GIS 的应用从抽象的二维地图图表到能充分反映地理环境的三维地图,从符号表示到虚拟现实方面发展(图 1-5～图 1-10)。

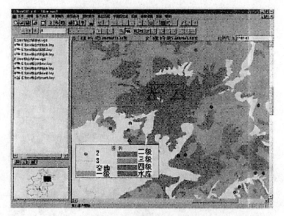

图 1-5　抽象二维专题图

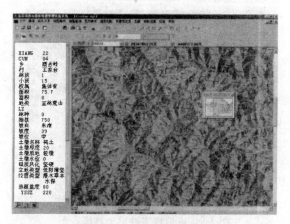

图 1-6　三维晕染专题图

图 1-7　三维立体专题图

图 1-8　虚拟现实地形图

图 1-9　虚拟现实地形＋林斑线图

图 1-10　虚拟现实森林分布图

第二章 GIS 数学基础

第一节 地理空间的数学建构

为了深入研究地理空间,有必要建立地球表面的几何模型。

一、地球表面几何模型

根据大地测量学的研究成果(Vanicek,P. and Kraskiwsky,E. 1982),地球表面几何模型可以分为三类,分述如下。

第一类是最自然的面,就是包括海洋底部、高山高原在内的固体地球表面。固体地球表面的形态,是多种成分的内、外地貌营力在漫长的地质时代里综合作用的结果,所以非常复杂,难以用一个简洁的数学表达式描述出来,所以不适合于数字建模;它在诸如长度、面积、体积等几何测量中都面临着十分复杂的困难(图 2-1)。

第二类是相对抽象的面,即大地水准面。地球表面的 72% 被流体状态的海水所覆盖,因此,可以假设一个当海水处于完全静止的平衡状态时,从海平面延伸到所有大陆下部,而与地球重力方向处处正交的一个连续、闭合的水准面,这就是大地水准面。以大地水准面为基准,就可以方便地用水准仪完成地球自然表面上任意一点高程的测量。尽管大地水准面比起实际的固体地球表面要平滑得多,但实际上,由于海水温度的变化,盛行风的存在,可以导致海平面高达百米以上的起伏变化。雷达卫星的高程测量结果表明,海平面随着大洋中脊和海沟的分布而呈现相应的起伏变化。

图 2-1 地球形状

第三类是椭球体模型,就是以大地水准面为基准建立起来的地球椭球体模型(图 2-2)。三轴椭球体在数学上可行,又十分接近大地水准面。三轴椭球体定义如下:设椭球体短轴上的半径为 c,它表示从极地到地心的距离;椭球体长轴上的半径和中轴上的半径为 a 和 b,它们分别是赤道面上的两个主轴。三者的关系可用数学方程描述如下：

$$\frac{x^2}{a^2} + \frac{y^2}{b^2} + \frac{z^2}{c^2} = 1$$

通常用如下几个参量来描述三轴椭球体的特征：

（1）长半径 a

（2）极地扁率 f_p

$$f_p = \frac{a-c}{a}$$

（3）赤道扁率 f_e

$$f_e = \frac{a-b}{a}$$

（4）主轴的地理经度 λ_a

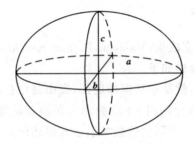

图 2-2　椭球体

依据不同的大地水准面测量数据，可以得到若干个不同的三轴椭球体数学模型。在实际研究中，三轴椭球体仍显复杂。研究结果表明，赤道扁率较极地扁率要小得多，因此可假定赤道面为圆形。为了便于计算，广泛采用双轴椭球体作为地球形体的参考模型，即用 a 代替 b，双轴椭球体亦称为旋转椭球体。因此上面的方程就变为：

$$\frac{x^2}{a^2} + \frac{y^2}{a^2} + \frac{z^2}{c^2} = 1$$

旋转椭球体是地球表面几何模型中最简单的一类模型，为世界各国普遍采用作为测量工作的基准。对于旋转椭球体的描述，由于计算年代不同、所用方法不同，以及测定地区不同，因此，其描述方法变化多样。美国环境系统研究所（ESRI）的 ARC/INFO 软件中提供了多达 30 种旋转椭球体模型。

二、地图投影概念

地图投影就是指建立地球表面（或其他星球表面或天球面）上的点与投影平面（即地图平面）上点之间的一一对应关系的方法，即建立点之间的数学转换公式。它将作为一个不可展平的曲面即地球表面投影到一个平面的基本方法,保证了空间信息在区域上的联系与完整。这个投影过程将产生投影变形,而且不同的投影方法具有不同性质和大小的投影变形。

我们可以用一个特定的旋转椭球体面或球面代替地球的自然表面。但是,无论是椭球面或球面均为不可展平的曲面,即不能无裂隙、无重叠地描绘在地图平面上。就像橘子皮剥下平铺在平面上,必然产生裂隙一样,如果硬将地球表面展成平面,也不可避免地会产生裂隙或重叠。

假定按相同经差(例如 30°)沿经线将地球仪切成若干等分,如图 2-3 所示。我们在一个极点将各等分结合平展在纸片上,则产生了裂隙。这些裂隙随着离开原点距离的增大而增大。假定仍按上述方法切割等分地球仪,如图 2-3 所示,我们在南北纬30°纬线上将各部分结合平展在纸面上,则既产生裂隙又产生重叠。在 30°纬线以内,随着离该纬线的距离加大重叠度加大;在 30°纬线以外,随着离纬线的距离加大裂隙加大。倘若按相同纬差沿纬线将地球仪切成若干等分,再将各等分沿同一条经线切开,如图 2-4 所示,我们沿某一经线将各部分结合平展在纸面上,同样产生裂隙,图2-4中的这些裂隙随着离结合经线距离的增大而增大。

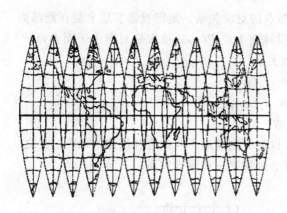

图 2-3　地图投影(沿经线切割地球)

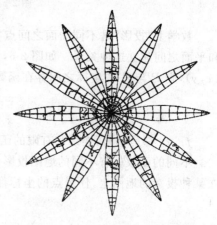

图 2-4　地图投影(沿纬线切割地球)

众所周知,地图上一般不允许出现裂隙和重叠。为了消除地图上的裂隙和重叠,实现地球表面在地图上的正确描写,早在公元前 600 多年,希腊天文学家塞利斯就研制出日晷投影——球心方位投影编制天体图;在公元前 200 多年,亚历山大天文学和地理学家埃拉托色尼研制出正轴等距投影编制世界图。随着社会生产及科学技术的进步,地图学不断发展,科学家们又探求了许多新的投影,以适用于不同内容、不同用途、不同比例尺地图的需要。

要把地球表面绘制成地图,首先要将球面上的经纬线展绘到平面上,然后按地理事物的坐标转绘到相应格网中而构成地图。由此可见,经纬网在绘制地图的过程中具有"骨架"作用。地图投影就是研究球面上经纬网展绘到平面上的数学方法。地图投影学是地图学的一个分支学科,它研究地图投影的理论、方法、应用和变换等,也称为数学制图学。如图 2-5。

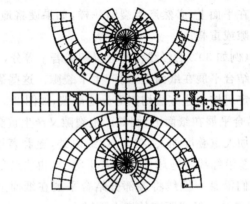

图 2-5 地图投影过程

数学上"投影"是不同曲面之间点与点的对应关系。地图投影实质上是在地球面和平面之间建立这种关系。如图 2-6,设球面上点 $P(\varphi,\lambda)$ 投影后对应于平面上点 $P'(x,y)$,则 P 与 P' 的坐标之间存在函数关系:

$$x = f_1(\varphi,\lambda)$$
$$x = f_2(\varphi,\lambda)$$

(2-3)

f_1、f_2 都是单调、连续和有限的函数。

不同的函数就有不同的地图投影,以便分别满足不同内容和用途的地图。反之,在某种投影的地图上,任意点的坐标都必须满足一种函数关系。

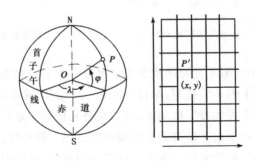

图 2-6 球面点向平面转移

三、地图投影的选择依据

地图投影是利用一定数学方法把地球表面的经、纬线转换到平面上的理论和方法。由于地球是一个赤道略宽两极略扁的不规则的梨形球体,故其表面是一个不可展平的曲面,所以运用任何数学方法进行这种转换都会产生误差和变形,为按照不同的需求缩小误差,就产生了各种投影方法。

由于球面上任何一点的位置是用地理坐标(φ,λ)表示的,而平面上点的位置是用直角坐标(x,y)或极坐标(r,θ)表示的,所以要想将地球表面上的点转移到平面上,必须采用一定的方法来确定地理坐标与平面直角坐标或极坐标之间的关系。这种在球面和平面之间建立点与点之间函数关系的数学方法,就是地图投影方法。地图投影变形是球面转化成平面的必然结果,没有变形的投影是不存在的。对某一地图投影来讲,不存在这种变形,就必然存在另一种或两种变形。但制图时可做到:在有些投影图上没有角度或面积变形;在有些投影图上沿某一方向无长度变形。

地球椭球体表面是个曲面,而地图通常是二维平面,因此在地图制图时首先要考虑把曲面转化成平面。然而,从几何意义上来说,球面是不可展平的曲面。要把它展成平面,势必会产生破裂与褶皱。这种不连续的、破裂的平面是不适合制作地图的,所以必须采用特殊的方法来实现球面到平面的转化。

球面上任何一点的位置取决于它的经纬度,所以实际投影时首先将一些经纬线交点展绘在平面上,并把经度相同的点连接而成为经线,纬度相同的点连接而成为纬线,构成经纬网。然后将球面上的点按其经纬度转绘在平面上相应的位置。

由于投影的变形,地图上所表示的地物,如大陆、岛屿、海洋等的几何特性(长度、面积、角度、形状)也随之发生变形。每一幅地图都有不同程度的变形;在同一幅图上,不同地区的变形情况也不相同。地图上表示的范围越大,离投影标准经纬线或投影中心的距离越长,地图反映的变形也越大。因此,大范围的小比例尺地图只能供了解地表现象的分布概况使用,而不能用于精确的量测和计算。

地图投影的实质就是将地球椭球面上的地理坐标转化为平面直角坐标。用某种投影条件将投影球面上的地理坐标点一一投影到平面坐标系内,以构成某种地图投影。

1.制图区域的地理位置、形状和范围

制图区域的地理位置决定了所选择投影的种类。例如,制图区域在极地位置,理所当然地选择正轴方位投影;制图区域在赤道附近,应考虑选择横轴方位投影或正轴圆柱投影;若制图区域在中纬地区,则应考虑选择正轴圆锥投影或斜轴方位投影。

制图区域形状直接制约地图投影的选择。例如,同是中纬地区,如果制图区域呈现沿纬度方向延伸的长形区域,则应选择单标准纬线正轴圆锥投影;如果制图区域呈

现沿经线方向略窄,沿纬线方向略宽的长形区域,则应选择双标准纬线正轴圆锥投影;如果制图区域呈现沿经线方向南北延伸的长形区域,则应选择多圆锥投影;如果制图区域呈现南北、东西方向差别不大的圆形区域,则应考虑选择斜轴方位投影。同是在低纬赤道附近,如果是沿赤道方向呈现东西延伸的长条形区域,则应选择正轴圆柱投影;如果是呈现东西、南北方向长宽相差无几的圆形区域,则以选择横轴方位投影为宜。

制图区域的范围大小也影响着地图投影的选择。当制图区域范围不太大时,无论选择什么投影,制图区域范围内各处变形差异都不会太大。有人曾以我国最大的省区新疆维吾尔自治区为例,用等角、等积、等距三种正轴圆锥投影作比较,其计算结果表明,不同纬度的长度变形差别甚微(在 0.0001～0.0003 之间)。不言而喻,其他省(区、市)图,其变形差异就更微乎其微了。而对于制图区域广大的大国地图、大洲地图、半球图、世界图等,则需要慎重地选择投影。

2.制图比例尺

普通地图按地图比例尺可以分为:

(1)大比例尺地图——1：10 万及更大比例尺地图。

(2)中比例尺地图——1：10～1：100 万比例尺之间的地图。

(3)小比例尺地图——1：100 万及更小比例尺地图。

我国把 1：1 万、1：2.5 万、1：5 万、1：10 万、1：25 万(过去是 1：20 万)、1：50万、1：100 万 7 种比例尺的普通地图列为国家基本比例尺,统称为地形图,它们均需按国家测绘局制定的统一技术标准(规范、图式)实施制图。

由于不同比例尺地图对精度要求的不同,导致在投影选择上亦各不相同。以我国为例,大比例尺地形图,由于要在图上进行各种量算及精确定位,因此应选择各方面变形都很小的地图投影,比如分带投影的横轴等角椭圆柱投影(如高斯－克吕格投影)。而中小比例尺的省区图,由于概括程度高于大比例尺地形图,因而定位精度相对降低,选用正轴等角、等积、等距的圆锥投影即可满足用图要求。

3.地图的内容

即使同一个制图区域,但因地图所表现的主题和内容不同,其地图投影选择也应有所不同。如交通图、航海图、航空图、军用地形图等要求方向正确的地图,应选择等角投影,而自然地图和社会经济地图中的分布图、类型图、区划图等则要求保持面积对比关系的正确,因此应选用等积投影。再如世界时区图,为使时区的划分表现得清楚,只能选择经线投影成直线的正轴圆柱投影。另外,比如中国政区图,为了能完整连续地将祖国的大陆及海疆表现出来,故应选用斜轴方位投影。作为教学用图,由于学生的年龄和知识的局限性,最好选择各种变形都不太大的任意投影,例如比较常见的等距投影,就能给学生一种较为近于实际的地理概念。

4. 坐标系与高程系

世界各国分别设立了各自的坐标原点,建立了不同的国家大地坐标系。

(1)地理坐标系　经线与纬线在椭球面上所构成的坐标系称为地理坐标系。在地图制图学中用 λ 表示经度,国际上把通过英国格林尼治天文台的经线定为起始经线(0°),向东称为东经,向西称为西经,东、西经各 180°。地图制图学中用 φ 表示纬度,赤道的纬度为 0°,赤道以北称北纬,以正号表示,赤道以南称南纬,以负号表示。

(2)WGS−84 大地坐标系　GPS 卫星位置采用 WGS−84 大地坐标系,而实用的测量成果往往是属于某一个国家坐标系或地方坐标系,应用中须进行坐标转换。

WGS−84 大地坐标系的几何定义是:原点位于地球质心,Z 轴指向 BIH1984.0定义的协议地球极(CTP)方向,X 轴指向 BIH1984.0 的零子午面和 CTP 赤道的交点,Y 轴与 Z 轴、X 轴构成右手坐标系。对应于 WGS−84 大地坐标系有一 WGS−84 椭球。

(3)国家大地坐标系　我国目前常用的两个国家大地坐标系是 1954 北京坐标系和 1980 国家大地坐标系。

①1954 北京坐标系。我国曾采用的国家大地坐标系是"1954 年北京坐标系"。它是采用克拉索夫斯基椭球体,并在 1954 年完成了北京天文原点的测定工作,解决了椭球体的定位问题,我国其他点的大地坐标均是由北京原点作为起始点推算的。

1954 北京坐标系是新中国成立初期的一种过渡性坐标系。鉴于当时的历史条件,我国采用了克拉索夫斯基椭球体,并通过国际联测,将前苏联 1954 年坐标系延伸到我国,从而确定的坐标系。实际上它的原点不在北京而在前苏联的普尔科夫。此后的 30 年间,我国依据这个坐标系完成了大量的计算工作。后来由于我国测绘事业的发展,现在已废除 1954 北京坐标系,建立起适合我国情况的、新的、正式的国家大地坐标系——1980 西安坐标系。

②1980 国家大地坐标系。我国现采用的国家大地坐标系为 1980 西安坐标系,其大地原点设在我国中部地区,位于陕西省泾阳县永乐镇,简称西安原点,其坐标系命名为 1980 西安坐标系。该系是参心坐标系、地面定位,采用既含几何参数又含物理参数的 4 个地球椭球基本参数。其数值采用 1975 年国际大地测量与地球物理联合会第 16 届大会推荐值,地球椭球的短轴平行于由地球质心指向极地原点方向JYD1968.0,首子午面平行于格林尼治平均天文台子午面,运用多点定位方法,解得大地原点,依此计算了全国天文大地网整体平差 5 万余大地点成果。

20 世纪 80 年代以来,国际上通行以地球质量中心作为坐标系原点,采用以地球质心为大地坐标原点,可以更好地阐明地球上各种地理和物理现象。我国自 2008 年7 月 1 日起,启用 2000 国家大地坐标系。其原点为包括海洋和大气的整个地球的质量中心,采用国际参考椭球参数。

(4)地方独立坐标系 我国许多城市、矿区基于实用、方便和科学的目的,将地方独立测量控制网建立在当地的平均海拔高程面上,并以当地子午线作为中央子午线进行高斯投影求得平面坐标。这些网都有自己的原点、自己的定向,也就是说,这些控制网都是以地方独立坐标系为参考的。而地方独立坐标系则隐含着一个与当地平均海拔高程对应的参考椭球。该参考椭球的中心、轴向和扁率与国家参考椭球相同,其长半径则有一改正值。该参考椭球称为"地方参考椭球"。

(5)ITRF 坐标框架 国际地球参考框架 ITRF(International Terreetrial Reference Frame)是一个地心参考框架。它是由空间大地测量观测站的坐标和运动速度来定义的,是国际地球自转服务 IERS(International Earth Rotation Service)的地面参考框架。由于章动、极移影响,国际协定地极原点 CIO 变化,所以 ITRF 框架每年也都在变化。ITRF 框架实质上也是一种地固坐标系,其原点在地球体系(含海洋和大气圈)的质心,以 WGS—84 椭球为参考椭球。

ITRF 框架为高精度的 GPS 定位测量提供较好的参考系,近几年已被广泛地用于地球动力学研究,高精度、大区域控制网的建立等方面。如青藏高原地球动力学研究、国家 A 级网平差、深圳市 GPS 框架网的建立等都采用了 ITRF 框架。一个测区在使用 ITRF 框架时,一般以高级约束点的参考框架来确定本测区的框架。例如,在深圳市 GPS 框架建立时,选用了 96 国家 A 级网的贵阳、广州、武汉三个 A 级站(其中武汉为 IGS 永久跟踪站)为约束基准,而 96A 级网的参考框架为 ITRF—93 框架,参考历元为 96.365,所以深圳市 GPS 框架的基准也选用 ITRF—93 框架为参考点。

(6)高程系 地面上所有点的高程需要有一个统一的高程系统,即有一个统一的高程起点,否则就不能比较任何两点的高程。

我国在 20 世纪 50 年代以前,曾用过许多高程系。为了全国高程系统一,决定以 1950—1956 年青岛验潮站测定的黄海平均海水面的位置作为全国高程起算的零点,故称 1956 年黄海高程系。任何点与零点的高程之差就称为它的海拔高程。

青岛水准原点高程为 72.289 m,由其他不同高程基准面起算的高程应归化到这个统一的高程基面上来。如长江流域以前用吴淞零点作为高程起算,欲将其换算为黄海平均海水面高程,则需将其加上一个改正值,换算为黄海平均海水面高程。

目前我国采用的"1985 国家高程基准",是采用青岛验潮站 1952—1979 年验潮资料计算确定的。1985 国家高程系统共有 292 条线路、19 931 个水准点,总长度为 93 341 km,形成了覆盖全国的高程基础控制网。

5.地图投影方法

(1)几何透视法 几何透视法是利用透视的关系,将地球体面上的点投影到投影面(借助的几何面)上的一种投影方法。如假设地球按比例缩小成一个透明的地球仪般的球体,在其球心或球面、球外安置一个光源,将球面上的经纬线投影到球外的一个投影平面上,即将球面经纬线转换成了平面上的经纬线。几何透视法是一种比较原始的投影方法,有很大的局限性,难于纠正投影变形,精度较低。绝大多数地图投影都采用数学解析法。

（2）数学解析法　是在球面与投影面之间建立点与点的函数关系,通过数学的方法确定经纬线交点位置的一种投影方法。大多数的数学解析法往往是在透视投影的基础上,发展建立球面与投影面之间点与点的函数关系的,因此两种投影方法有一定的联系。

地图投影的建立系假定有一个投影面（平面、可展的圆锥面或圆柱面）与投影原面（地球椭球面）相切、相割或多面相切。用某种投影条件将投影原面上的地理坐标点一一投影到平面坐标系内,即构成某种地图投影。其实质是将地球椭球面上地理坐标(φ, λ)转化为平面直角坐标(x, y)。它们之间的数学关系式为:

$$x = f_1(\varphi, \lambda)\,;\ y = f_2(\varphi, \lambda)$$

式中f_1、f_2为函数。

地图是一个平面,而地球椭球面是不可展的曲面,把不可展的曲面上的经纬线网描绘成平面的图形,必然会发生各种变形。这就使地图上不同点位的比例尺不能保持一个定值,而有主比例尺和局部比例尺之分。通常地图上注明的比例尺系主比例尺,是地球缩小的比率,而表现在不同点位上的实际比例尺称之为局部比例尺。地图投影的变形,有角度变形、面积变形和长度变形。但不是所有投影都有这3种变形,等角投影就没有角度变形,等面积投影就没有面积变形,其他投影这3种变形都同时存在。了解某种投影变形的大小和分布规律,才能明确它的实际应用价值。地图投影的变形可用变形椭圆形象地来解释。变形椭圆是地球椭球面上以一点的半径为单位值的微分图,投影在平面上一般是一个微分椭圆。用它可以解释投影变形的特性和大小。

四、常用的几种地图投影

从世界范围看,各国大中比例尺地形图所使用的投影很不统一,据不完全统计有十几种之多,最常用的有横轴等角椭圆柱投影等。中华人民共和国成立后,我国大中比例尺地形图一律规定采用以克拉索夫斯基椭球体元素计算的高斯－克吕格投影。我国新编1∶100万地形图,采用的则是边纬与中纬变形绝对值相等的正轴等角圆锥投影。

1.高斯－克吕格投影

高斯－克吕格投影是一种等角横切椭圆柱投影,见图2-7所示。我国现行的大于1∶50万地形图都采用高斯－克吕格投影。其中大于1∶1万及更大比例尺地形图采用按经差 3°分带,1∶2.5 万～1∶50 万比例尺的地形图采用经差 6°分带。

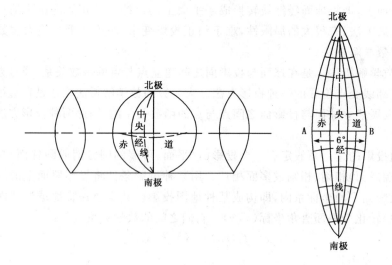

图 2-7　高斯—克吕格投影示意图

　　高斯—克吕格投影,欧美一些国家称之为横轴等角墨卡托投影。美国及其他一些国家地形图使用的 UTM 投影(Universal Transverse Mercatol Projection,即通用横轴墨卡托投影),亦属横轴等角椭圆柱投影的系列。UTM 投影与高斯—克吕格投影的区别在于,该投影是横轴等角割椭圆柱投影。UTM 投影,在投影带内有两条长度比等于1的标准经线,而中央经线的长度比为 0.9996,因而使投影带内变形差异更小,其最大长度变形不超过 0.04%。

　　坐标网的规定:

　　坐标网是地图上地理坐标网(经纬网)和直角坐标网(方里网)的总称。编绘地图时,坐标网是绘制地图图形的控制网。使用地图时可以根据它确定地面点的位置和进行各种量算。一般的地图只绘经纬网,在高斯—克吕格投影的地图上,为了迅速而准确地确定方向、距离、面积等,还绘有方里网,具体规定如下:

　　(1)经纬网　经纬网是由经线和纬线组成的坐标网。它标示制图物体在地图上的地理位置,故又称为地理坐标网。在 1∶1 万～1∶10 万的地形图上,内图廓即是经纬线。为了在使用时能够加密成网,在内外图廓间绘有分度带,需要时将对应点连线就构成经纬线网。在 1∶20 万～1∶100 万的地形图上,图廓本身是经纬线,图面上直接绘出经纬线网,并在内图廓和图内经纬线网格上绘有按规定间隔供加密的分割线。但 1∶25 万的地形图编绘规范规定,图面不绘经纬线网,只绘直角坐标网。

　　(2)方里网　在地图上,由平行于投影坐标轴的两组平行线构成的网格称为直角坐标网。由于它表现为方格形式,又是按整千米数连通的,所以称为方里网。

我国1∶1万~1∶25万的地形图上,规定在图内只绘出方里网,而不绘经纬网。

(3)邻带方里网　由于分带投影的结果,各带都具有各自独立的坐标系统,而且投影后的经线都是向中央经线收敛的,它和纵坐标有一定的夹角。所以当两带之间的相邻图幅拼接时,方里网接不起来而产生折角。为了解决这一问题,规定把一定范围内的邻带坐标延伸到本图的图幅(即在　幅图内不仅有本带坐标,而且还有邻带坐标)。

依据《1∶2.5万、1∶5万、1∶10万地形图图式》规定:每个投影带西边缘经差30′以内所含的一行1∶10万,两行1∶5万,四行1∶2.5万的地形图,均需加绘西部邻带的方里网;每个投影带东边缘最外一幅1∶5万的地形图(经差15′)和一幅1∶2.5万的地形图(经差7.5′)需加绘东邻带的方里网。

2. 等角圆锥投影(兰勃特投影)

设有一个圆锥,其轴与地轴一致,套在地球椭球体上,然后将椭球体面的经纬线网按照等角的条件投影到圆锥面上,再把圆锥面沿母线切开展平,即得到正轴等角圆锥投影的经纬网图形。其中纬线投影成为同心圆弧,经线投影成为向一点收敛的直线束。当圆锥面与椭球体上的一条纬圈相切时,称切圆锥投影,见图2-8(a);当圆锥面相割于椭球面两条纬圈时,称割圆锥投影,见图2-8(b)。

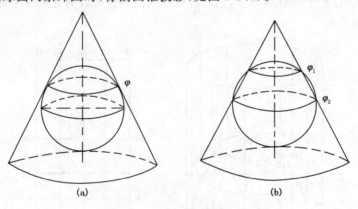

(a)　　　　　　　　　(b)

图 2-8　正轴圆锥投影

相切或相割纬圈称为标准纬圈,显然,标准纬圈在圆锥展开后不变。两条纬线间的经线长度处处相等。投影的不同变形性质,只是反映在纬线间隔的变化上。也就是说,圆锥投影的各种变形都是纬度φ的函数,而与经度λ无关。对某一个具体的变形性质而言,在同一条纬线上,其变形值相等。在同一条经线上,标准纬线外侧为正变形,两条标准纬线之间为负变形。因此切圆锥投影只有正变形,割圆锥投影既有正变形又有负变形。

由于圆锥投影具有上述的变形分布规律,因此该投影适于编制处于中纬地区沿纬线方向东西延伸地域的地图。由于地球上广大陆地均位于中纬地区,同时圆锥投影的经纬网又比较简单,因此该投影得到了广泛应用,尤其是正轴割圆锥投影,使用非常普遍。

(1)等角割圆锥投影 我国新编的1∶100万的地形图,使用的便是边纬与中纬变形绝对值相等的等角割圆锥投影。等角割圆锥投影还广泛应用于我国编制出版的全国1∶400万、1∶600万的挂图,以及全国性的普通地图和专题地图等。

(2)等积割圆锥投影 我国常用等积割圆锥投影编制全国性自然地图中的各种分布图、类型图、区划图,以及全国性的社会经济地图中的行政区划图、人口密度图、土地利用图等。世界其他国家也广泛应用此投影。

(3)等距割圆锥投影 等距割圆锥投影在我国使用不多,在国外如前苏联曾使用此投影出版了苏联全图。

3.墨卡托投影

墨卡托投影为正轴等角圆柱投影,是由墨卡托于1569年专门为航海目的设计的。其设计思想是令一个与地轴方向一致的圆柱切于或割于地球,将球面上的经纬网按等角条件投影于圆柱表面上,然后将圆柱面沿一条母线剪开展成平面,即得墨卡托投影,见图2-9。

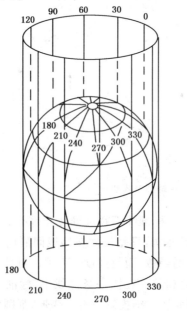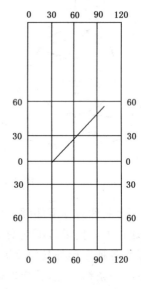

图2-9 正轴等角切圆柱投影(墨卡托投影)示意图

　　该投影的经纬线是互为垂直的平行直线,经线间隔相等,纬线间隔由赤道向两极逐渐扩大。图上任取一点,由该点向各方向长度比皆相等,即角度变形为零。在正轴等角切圆柱投影中,赤道为没有变形的线,随纬度增高面积变形增大。在正轴等角割圆柱投影中,两条割线为没有变形的线,在两条标准纬度之间是负向变形,离开标准纬线愈远变形愈大,赤道上负向变形最大,两条标准纬线以外呈正变形,也是离开标准纬线愈远变形愈大,到极点为无限大。

　　墨卡托投影的最大特点是:在该投影图上,不仅保持了方向和相对位置的正确,而且能使等角航线表示为直线,因此对航海、航空具有重要的实际应用价值。只要在图上将航行的两点连一直线,并量好该直线与经线间夹角,一直保持这个角度航行即可到达终点。

　　4.方位投影

　　方位投影的特点是:在投影平面上,由投影中心(平面与球面相切的切点,或平面与球面相割的割线的圆心)向各方向的方位角与实地相等,其等变形线是以投影中心为圆心的同心圆。因此,这种投影适合作区域轮廓大致为圆形的地图。

　　(1)正轴方位投影　投影中心为地球的北极或南极,纬线为同心圆,经线为同心圆的半径,两条经线间夹角与实地相等。正轴方位投影包括等角、等积、等距三种变形性质,其中以等角和等距两种变形性质常用,主要用于制作两极地区图。

　　(2)正轴等角方位投影　指投影后经线长度比与纬线长度比相等($m=n$),以等角条件决定$\rho=f(\varphi)$函数形式的一种方位投影。函数式中的ρ代表纬圈半径。该投影能使球面上的微分圆,经投影后仍保持正圆形状,不随方向改变而改变。但其长度变形和面积变形,则随离投影中心愈远而变形愈大。为使投影区域变形能够得到改善,故多采用正轴等角割方位投影。例如美国提出的通用极球面投影(UPS)。我国设计的全球百万分之一分幅地图,在$\varphi=+84°$以上和$\varphi=-80°$以下系采用正轴等角方位投影。

　　(3)正轴等距方位投影　等距方位投影又称波斯托投影。它是由数学家波斯托(G. Postel)于1581年设计的。该投影由投影中心至任意一点的距离均与实地相等,即投影后经线长度比$m=1$。由于该投影具有由投影中心至任意点的距离和方位均保持与实地不变的特点,因此在国际上应用得也比较广泛,多用于两极地区图,见图2-10。联合国徽亦采用此投影设计。

　　(4)横轴与斜轴方位投影　当平面与球面相切,其切点在赤道上的任意点,称为横轴方位投影;其切点不在极点或赤道,而是介于两者之间的任意点,称为斜轴方位投影。常见的横轴与斜轴方位投影以等积和等距两种变形性质的为多见。

　　(5)横轴或斜轴等积方位投影　该种变形性质的方位投影,使球面任意一块面积投影后仍然保持不变,其长度变形和角度变形将随距离投影中心的远近而变化,距投影中心愈近变形愈小,距投影中心愈远变形愈大。横轴等积方位投影主要用于编制东西半球图,也可编制非洲地图。斜轴等积方位投影主要用于编制水陆半球图、亚洲地图、欧亚地图、北美洲地图、拉丁美洲地图、大洋洲地图及全球航空图等。我国编制出版的包括南海诸岛完整连续表示的《中华人民共和国全图》,也常用此投影。

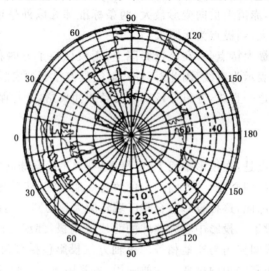

图 2-10　正轴等距方位投影表示的北半球极地图

(6)横轴或斜轴等距方位投影　其变形分布规律和等角、等积方位投影一样,都在投影中心无变形,距投影中心愈远变形愈大。不过面积变形比等角投影小,角度变形比等积投影小。总之,等距投影虽然三种变形都有,但比较适中。该投影的适用范围为:横轴等距方位投影,适合于绘制东西半球图;斜轴等距方位投影,适合于绘制以机场为投影中心的航行半径图、以震中为投影中心的地震影响范围图、以大城市为投影中心的交通等时线图等。

5.中国全图常用的地图投影

为正轴割圆锥等面积投影,具体为:

起算纬度:0°或10°N

中央经线:105°E 或 110°E

标准纬线 1:25°N

标准纬线 2:45°N 或 47°N

采用原因:

(1)中国大部分地方属于中低纬度地区,故采用圆锥投影。

(2)中国疆域辽阔,纬度跨度很大(有 50°的纬差),故必须用割投影(双标准纬线)来控制形变。

(3)为强调各省区之间和中国与相邻国家之间的面积对比关系,采用等面积投影。

第二节 按照建库要求进行投影变换

大多数地理信息系统是以平面地图投影方式来存贮空间坐标的。一般 GIS 的典型输入数据可以包括如下类型。

一、矢量转换

图 2-11 表示了三种矢量输入数据源之间的转换。源 A 是经过数字化的笛卡儿坐标表格,源 B 则与输入投影的东移和北移坐标有关,源 C 则使用了地理经纬度。图 2-11 的目标是将这三种源数据转化为 GIS 工作投影类型下的东移和北移坐标。

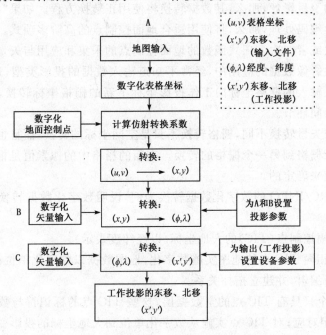

图 2-11 将矢量数据转换为平面笛卡儿坐标的步骤

1.表格坐标到投影坐标的转换

对于数据源 A,利用数字化地面控制点或地图投影参数生成的标准图框,通过采集数据源 A 中的实际控制点和标准图框中的理论控制点(TIC 点)进行误差校正。

利用校正后得到的多项式系数对数据源 A 中的所有点、线、区文件进行相同的校正。

2. 投影坐标到地理坐标的转换

通过使用逆转换方程，使输入数据的投影坐标 (x,y) 转换为地理坐标的经度和纬度 (φ,λ)，逆转换方程是数学方程，它的形式随着投影类型和椭球体的变化而变化。该转换要求输入数据的投影参数。

3. 投影坐标到工作投影坐标的转换

通过使用正转换方程将地理坐标的经度、纬度 (φ,λ) 转化为工作投影坐标 (x', y')，以备 GIS 分析所用。

二、栅格转换

栅格数据的转换包括栅格数据的重采样，重采样后的栅格数据的坐标轴和象元坐标与 GIS 工作投影相一致。如果输入栅格数据的地理投影类型已知，例如经过地学编码和修正的卫星影像，那么，其数据转换将使用正转换方程。如果"旧"的栅格数据没有经过地学编码处理，那么，将使用适合地面控制点的高阶多项式。

适合于二次或者三次多项式函数的地面控制点的采集和应用与矢量转换情况完全一致。在卫星影像数据的应用中，经常不知道输入数据的投影类型，这时，数据坐标转换将直接从输入的栅格坐标向工作投影坐标下新的栅格坐标转换，而不再经过地理坐标这一中间环节。

栅格转换与矢量转换不同，栅格转换不只是空间坐标的转换，而且也是像素的实际属性值从一个栅格到另一个栅格的转换。在新的栅格中的像素值是根据一个或更多个相邻像素值来确定的。

这里，以 ARC/INFO 的数字化数据转换为例，说明数字化数据转换为大地坐标值的步骤：

(1)记录图幅控制点(TIC)的大地坐标(以经纬度表示)。

(2)对具有相同 TIC 点的地图实施数字化，地图数据以数字化单位记录；对地图数字化数据进行编辑，并建立拓扑关系。

(3)建立一个只具有 TIC 点的空数据层，这些 TIC 点的标识符与数字化地图层的 TIC 标识符相对应；对 TIC 点实施从数字化单位到大地坐标的投影变换。

(4)根据投影变换后的 TIC 点，对地图数据层实施从数字化坐标到大地坐标的转换。

当对一幅地图实施数字化后，地图上每一点的坐标值都以数字化设备的测量单位(厘米或英寸)记录下来。在对这些测量值进行有关地理空间分析以前，应当使这些测量值转化为具有地理参照位置意义下的数值，并具有比例尺的性质，这就需要对这些测量值进行与原图一样的大地坐标系和投影方式的转换。

第三章 地理信息系统空间数据结构

第一节 空间数据及其特征

一、GIS 空间数据

地理空间是指物质、能量、信息的形式与形态、结构过程、功能关系上的分布方式和格局及其在时间上的延续。地球表层构成了地理空间,表征地理空间内事物的数量、质量、分布、内在联系和变化规律的图形、图像、符号、文字和数据等统称为地理(空间)数据。

地理数据是 GIS 的核心,也有人称它是 GIS 的血液,因为 GIS 操作对象是地理数据,因此设计和使用 GIS 的第一步工作就是根据系统的功能,获取所需要的地理数据,并创建地理空间数据库。

1. 按照数据来源分类

GIS 中的数据来源和数据类型繁多,主要有以下几种类型。

(1)地图数据 地图数据来源于各种类型的普通地图和专题地图。地图数据是地理信息系统的一个重要信息源,各种类型的地图都是对空间事物和现象的一种相似或抽象模拟,它有严密的数学基础,并经过制图综合,利用符号系统所表示出来的丰富地理内容,直观明晰地再现了客观实体的空间关系和要素之间的内在联系,所以地图是地理信息系统的主要载体,同时也是地理信息系统最重要的信息源。

(2)遥感数据 各种遥感数据(包括多平台、多层面、多种传感器、多时相、多光谱、多角度和多种分辨率的遥感影像数据)及其制成的图像资料(航片、卫片)包含着极其丰富的地理内容,尤其是先进的卫星遥感技术的广泛应用,能为地理信息系统提供源源不断的、现势性很强的数据,所以遥感数据是地理信息系统另一个重要的和最有效的信息源。

(3)文本及统计数据 各种地理要素的统计数据、实验和各种观测数据、研究报告、文献资料、解译信息等,是地理信息系统不可缺少的重要或补充数据源。

（4）地形数据　来源于地形等高线图的数字化，已建立的格网状的数字化高程模型（DTM），或其他形式表示的地形表面（如 TIN）等。

在具有智能化的 GIS 中还应有规则和知识数据。

2.按照数据几何特征分类

（1）点　是对 0 维空间实体的抽象数据，如测量用的三角点、灯杆、电视塔等。

（2）线　是对 1 维空间实体的抽象数据，如河流、铁路、道路等。

（3）面　是对 2 维空间实体的抽象数据，如湖泊、绿地、行政区等。

（4）曲面　是对在面上连续分布的空间实体的抽象数据，常被称为 2.5 维数据，如地形等。

（5）体　是 3 维空间实体的抽象数据，如建筑物等。

3.按照数据结构分类

（1）矢量数据　是用欧氏空间的点、线、面等几何元素来表达空间实体的几何特征的数据。

（2）栅格数据　是将空间分割成有规则的网格，在各个网格上给出相应的属性值来表示空间实体的一种数据组织形式。

4.根据表示对象分类（图 3-1）

（1）类型数据　例如考古地点、道路线和土壤类型的分布等。

（2）面域数据　例如随机多边形的中心点、行政区域界线和行政单元等。

（3）网络数据　例如道路交点、街道和街区等。

（4）样本数据　例如气象站、航线和野外样方的分布区等。

（5）曲面数据　例如高程点、等高线和等值区域。

（6）文本数据　例如地名、河流名称和区域名称。

（7）符号数据　例如点状符号、线状符号和面状符号（晕线）等。

二、地理数据的基本特征

地理数据一般具有 3 个基本特征（图 3-2）。

1.空间特征

空间特征用以描述事物或现象的地理位置，又称几何特征、定位特征，如界桩的经纬度等。数据的空间性是指这些数据反映现象的空间位置及空间位置关系。通常以坐标数据形式来表示空间位置，以拓扑关系来表示空间位置关系。

2.属性特征

属性特征用以描述事物或现象的特性，即用来说明"是什么"，如事物或现象的类

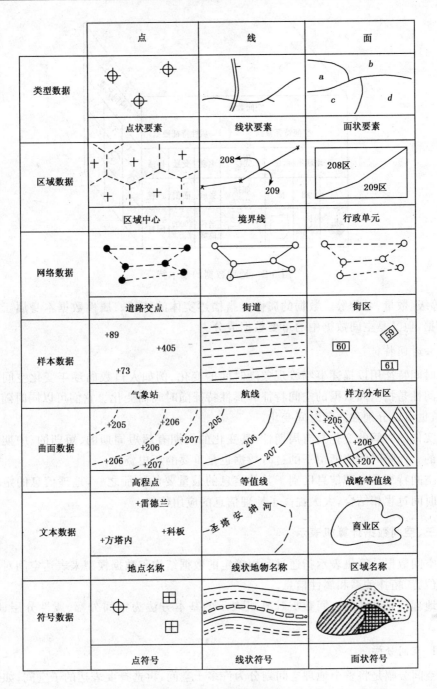

	点	线	面
类型数据	点状要素	线状要素	面状要素
区域数据	区域中心	境界线	行政单元
网络数据	道路交点	街道	街区
样本数据	气象站	航线	样方分布区
曲面数据	高程点	等值线	战略等值线
文本数据	地点名称	线状地物名称	区域名称
符号数据	点符号	线状符号	面状符号

图 3-1　GIS中各种数据及其表现

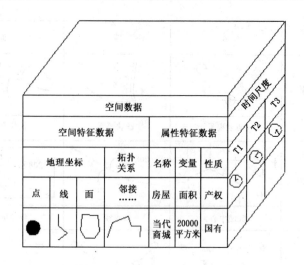

图 3-2　地理数据的基本特征

别、等级、数量、名称等。数据的属性是指描述实体的特征。属性数据本身属于非空间数据,但又是空间数据中的重要数据成分。

3.时间特征

时间特征用以描述事物或现象随时间的变化,例如人口数的逐年变化空间数据的时间性是指空间数据的空间特征和属性特征随时间而变化。它们可以同时随时间变化,也可以分别独立随时间变化。

实体随时间的变化具有周期性,其变化的周期有超短周期的、短期的、中期的和长期的。而随时间流逝留下的过时数据也是重要的历史资料。

空间特征是地理信息区别于其他信息的最重要的特征之一,地理信息的定位特征与时间过程相结合,大大提高了地理信息的应用价值。

三、空间数据计算机表示

空间数据计算机表示指通过利用确定的数据结构和数据模型来表达空间对象的空间位置、拓扑关系和属性信息。

地理信息系统的空间数据计算机表示的基本方法为空间分幅、属性分层、时间分段。

1.空间分幅

空间分幅是将整个地理空间划分为许多子空间,再选择要表达的子空间;如果以矢量数据结构存储空间数据,将整个区域进行空间分幅。

2.属性分层

属性分层是将要表达的空间数据抽象成不同类型属性的数据层来表达。空间数据分幅后,对每个幅面的空间数据分为不同的专题层,如土地利用、道路、居民区、土壤单元、森林分布、地形地貌等;最后将每个专题层的地理要素或实体按照点、线、面状目标存储,每个目标数据由空间数据和属性数据组成。

3.时间分段

时间分段是将有时间的地理数据按其变化规律划分为不同的时间段数据,再逐一表示。

目前的 GIS 还较少考虑到空间数据的时间特征,只考虑其属性特征与空间特征的结合。实际上,由于空间数据具有时间维,过时的信息虽不具有现势性,但却可以作为历史性数据保存起来,因而就会大大增加 GIS 表示和处理数据的难度。

第二节　空间数据的拓扑关系

空间关系是指各空间实体之间的空间关系,包括拓扑空间关系、顺序空间关系和度量空间关系。由于拓扑空间关系对 GIS 查询和分析具有重要意义,因此在 GIS 中,空间关系一般指拓扑空间关系。

一、拓扑的概念和意义

1.拓扑的概念

拓扑学是几何学的一个分支,它研究图形在连续变形下(拓扑变换)的那些不变的几何属性。组成一个图形的各元素(节点、弧段、面域)之间都存在着二元关系,即邻接关系和关联关系。在地图上这种关系可以借助图形来识别,而在计算机中这种关系需用拓扑关系加以定义。拓扑关系是明确定义空间结构关系的一种数学方法。

2.拓扑关系的重要意义

在地理信息系统中,空间数据的拓扑关系,对地理信息系统的数据处理和空间分析具有重要的意义,主要表现在如下三个方面:

(1)拓扑关系能清楚地反映实体之间的逻辑结构关系,它比几何关系具有更大的稳定性,不随地图投影而变化。根据拓扑关系可以确定地理实体间的相对空间位置,而无需利用坐标和距离。

(2)利用拓扑关系有利于空间要素的查询,可以解决许多实际问题。如某县的邻接县——面面相邻的问题;又如供水管网系统中某段水管破裂找关闭它的阀门,就需要查询该线(管道)与哪些点(阀门)关联。

(3)可以利用拓扑数据重建地理实体。例如根据弧段构建多边形,实现面域的选取;根据弧段与节点的关联关系重建道路网络,进行最佳路径选择等。

二、空间数据的拓扑关系

在地理信息系统中对于具有网状结构特征(如多边形,图 3-3)的地理要素,不仅要表示出要素的形状、大小、位置和属性信息,而且还要反映出要素之间的相互关系,即要表示出构成网状结构地理要素的节点、弧段和多边形之间的拓扑关系。空间数据的拓扑关系包括拓扑邻接、拓扑关联和拓扑包含三个方面。

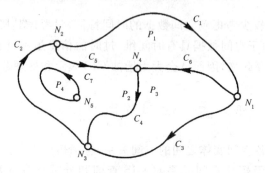

图 3-3　空间数据的拓扑关系

点(节点)、线(链、弧段、边)、面(多边形)三种要素是拓扑元素。它们之间最基本的拓扑关系是关联和邻接。

1. 关联

不同拓扑元素之间的关系。如节点与链、链与多边形等。

2. 邻接

相同拓扑元素之间的关系。如节点与节点、链与链、面与面等。邻接关系是借助于不同类型的拓扑元素描述的,如面通过链而邻接。

3. 包含关系

面与其他拓扑元素之间的关系。如果点、线、面在该面内,则称为被该面包含。如某省包含的湖泊、河流等。

在 GIS 的分析和应用功能中,还可能用到其他拓扑关系,如:几何关系,拓扑元素之间的距离关系。如拓扑元素之间距离不超过某一半径的关系。层次关系,相同拓扑元素之间的等级关系。如国家由省(区、市)组成,省(区、市)由县组成等。

三、拓扑结构的表达

各种类型的空间数据,都可以用点、线、面 3 种图形来表示。因此,节点、弧段和多边形之间的拓扑结构可用四种关系表达出来。以图 3-4 为例,如表 3-1、表 3-2、表 3-3 和表 3-4 所示。

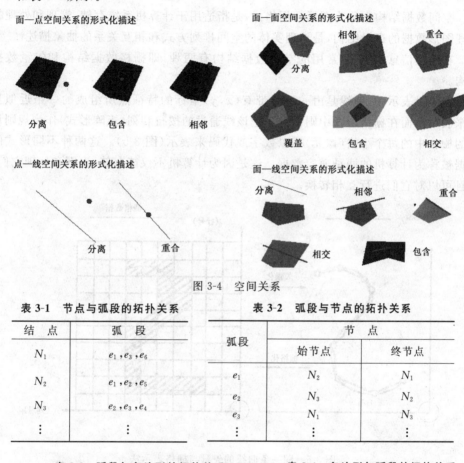

图 3-4 空间关系

表 3-1 节点与弧段的拓扑关系

结 点	弧 段
N_1	e_1,e_3,e_6
N_2	e_1,e_2,e_5
N_3	e_2,e_3,e_4
⋮	⋮

表 3-2 弧段与节点的拓扑关系

弧段	节 点	
	始节点	终节点
e_1	N_2	N_1
e_2	N_3	N_2
e_3	N_1	N_3
⋮	⋮	⋮

表 3-3 弧段与多边形的拓扑关系

弧段	多边形	
	左多边形	右多边形
e_1	P_0	P_1
e_2	P_0	P_2
e_3	P_0	P_1
⋮	⋮	⋮

表 3-4 多边形与弧段的拓扑关系

多边形	弧 段
P_1	e_1,e_6,e_5
P_2	$e_2,e_4,-e_5$
P_3	$e_3,-e_4,-e_6$
⋮	⋮

第三节 空间数据结构

一、空间数据结构的概念和类型

空间数据结构也称为图形数据格式,是指适用于计算机系统存储、管理和处理的地理图形数据的逻辑结构,是地理实体的空间排列方式和相互关系的抽象描述。

在地理信息系统中,常用的空间数据结构有两种,即栅格数据结构和矢量数据结构。

在矢量表示中,曲线是由一系列带有(x,y)坐标的特征点所组成的一条近似折线来表示。而在栅格形式中则借助于把该线通过的按行和列(矩阵形式)作为规则划分的栅格中的每个小格(像元)标以数字或代码来表示(图 3-5)。这两种不同形式的数据被称为计算机的两种兼容数据。这是因为计算机不仅能存储、识别和处理它们,而且可以对它们进行互相转换。

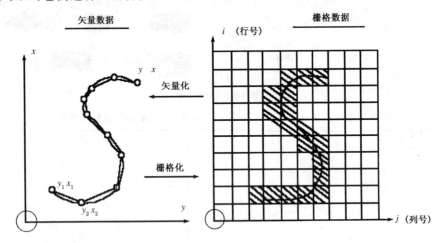

图 3-5 同一条曲线的矢量与栅格表示法

二、矢量数据结构

1.定义

矢量结构是通过记录坐标的形式来表示点、线、面(多边形)等地理实体。

矢量数据结构能最好地逼近地理实体的空间分布特征,数据精度高,数据存储的冗余度低,便于进行地理实体的网络分析,但对多层空间数据的叠合分析比较困难。

点实体,在矢量结构中只记录点位的坐标和属性代码。

线实体,可以用一系列足够短的直线段首位相连来表示一条曲线。在矢量结构中只记录小线段的端点坐标。因此,一条曲线实际上是由一个坐标系列来表示的。

多边形,在地理信息系统中是指一个任意形状、边界完全闭合的空间区域。之所以把这样的闭合区域称为多边形是由于区域的边界线同线实体一样,可以被看作是由一系列微小直线段组成,每个小线段作为这个区域的一条边,因此,这种区域就可以看作是由这些边组成的多边形了。所以多边形的矢量数据可以由组成这个多边形的小线段的坐标系列来表示。

2.特点

矢量结构的特点是:定位明显、属性隐含。这种特点使得其图形运算的算法总体上比栅格数据复杂得多,但在计算长度、面积、形状和图形编辑、几何变换操作中,矢量结构有很高的效率和精度,而在叠加运算、邻域搜索等操作时,则比较困难。

3.矢量数据的获取

(1)用数字化仪获取数据　数字化仪是获取矢量数据的主要途径。数字化一幅复杂地图是十分艰苦的工作,它需要操作人员把图固定在数字化面板上,然后用定标器对地图的各种区域边界和其他标志信息如道路、等高线等要素进行跟踪描绘。为了便于对输入数据建立拓扑关系,有些系统在输入面状(区域)边界时,还需输入附加信息。数字化仪输入的数据,还需作相应的编辑处理,在编辑过程中应除去如过头线、短头线、尖峰等问题。在大多数基于矢量数据结构的地理信息系统中,在获取几何数据后还需自动建立拓扑关系。

(2)全球定位系统(GPS)获取数据　全球定位系统可以快速、廉价地确定地球表面的特征位置,并直接以坐标数据输入给计算机。因此,全球定位系统技术将成为野外实地测量地图数据的重要工具。目前,结合实地调查已用它获取很多大比例尺图,作为一种输入手段它必将成为地理信息系统和土地信息系统的重要组成部分。

(3)从栅格数据转换成矢量数据　把栅格数据转换成矢量数据时,为了防止因原图上污渍引起的错误,常常要求图面十分干净。

三、栅格数据结构

1.定义

栅格结构是一种简单直观的空间数据结构,又称网格结构或像元结构。是将地球表面划分为大小相等的网格阵列,每个网格作为一个像元或像素由行、列定义,并包含一个代码表示该像素的属性类型或量值,或仅仅包含指向其属性记录的指针。因此,栅格数据是以规则的阵列来表示空间地物或现象分布的数据组织,组织中的每个数据表示地理要素的非几何属性特征,如图3-6所示。

(1)点状物体　在栅格数据中,借助于在其中心点处的单独像元来表示。

(2)面状物体　借助于为其所覆盖的像元的集合来表示(如森林)。

(3)线状物体　借助于其中心轴线上的像元来表示。

2.特点

栅格结构的显著特点是:属性明显,定位隐含,即数据直接记录属性的指针或属性本身,而所在位置则根据行列号转换为相应的坐标给出,由于栅格行列、阵列容易为计算机存储、操作和显示,因此,这种结构容易实现,算法简单,且易于扩充、修改,也很直观,特别是易于同遥感影像的结合处理,给地理空间数据处理带来了极大的方便。

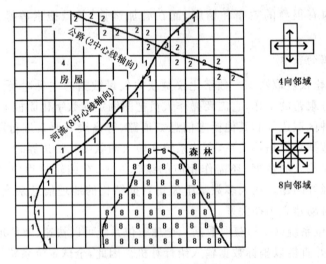

图 3-6　物体的栅格表示

栅格数据的比例尺就是栅格大小与地表相应单元格大小之比。其表示地物的精度取决于栅格尺寸的大小。

3.栅格数据的获取

栅格数据的获取,主要通过以下4种方法得到:

(1)手工网格法　即目读法获取栅格数据时,首先将一张透明格网纸叠置于某图件上,根据单位格网面积占优法、单位格网交点归属法或单位格网长度占优法,直接用人工方法获取相应的栅格数据属性。所选格网尺寸应使栅格数据能反映实体的特征。这种人工栅格数据的获取,适用于所选区域范围较小、栅格单元尺寸较大的情况。当区域范围较大或要求栅格单元尺寸比较小时,工作量大到使人很难忍受。例如一幅 10 km×10 km 区域里的图要以 10 m 的间隔取数,有约 100 万个数据需读取。

(2)扫描数字化法　利用扫描仪获取栅格数据。它可以高精度、快速获取栅格数据。

(3)分类影像输入法　用摄像机可以获取各种景物的视频数据。当被测景物摄入镜头以后,摄像机输出按行扫描的视频信号,然后在场行同步信号的控制下,对视频信号作高速采样,往 A/D 转换器转换后,形成以行为单位的数据阵列,送入计算机。从摄像机数字化输入的栅格元素数是相对固定的,例如 512×512,1024×1024 等。

遥感是利用航空、航天技术获取地球资源和环境信息的重要途径。由于它能周期性、动态地获取丰富的信息,并可直接以数字方式记录和传送,因此在宏观决策中,常用它来获取和更新地理信息系统中数据库的内容,并直接用于模型综合分析。例如,利用航空照片和卫星图像拍摄的同一地区的重叠图像,经数字相关技术来获取地形高程信息,此外,从遥感影像还可自动提取专题信息等。

(4)从矢量数据转换成栅格数据　把矢量结构的数据通过适当算法,用软件把矢量结构数据转换成栅格结构数据,这是获取栅格数据的方法之一。例如从专题图上获取的矢量数据结构的地块图、积温度或降雨量分布图,可用软件方法将其转成栅格结构数据图,并对其进行叠置分析。

综上所述,不管用什么方法获取的栅格数据,由于其数据量比较大,均需考虑数据的压缩和编码。数据压缩的任务是要找到一种有效的方法,使它在一定程度上降低数据量,缩短解码时间。数据量和解码时间是一对矛盾,通常数据量小的编码方案,解码时间就长;反之,解码时间短的编码方案,数据压缩率往往低。总的来说,编码方案的选择既要考虑使数据量尽可能小,又要使解码方便,更主要的是要考虑所用编码方案,便于处理分析时进行操作运算。

直接编码法是最简单和直观的栅格数据编码法,这种编码法也称矩阵法。它对栅格图从左上角开始逐行逐列地存储数据化代码,其顺序可以是逐行从左到右记录,也可以是奇数行从左到右、偶数行从右到左记录,对于某些情况还可以采用特殊的存储顺序。栅格数据的这种编码方法反映栅格数据的逻辑模型,通常称这种编码的图像文件为栅格文件或格网文件。如图 3-7 所示。所谓栅格文件的显式存储,指每个栅格单元同时存储其行号、列号属性值。考虑到阵列的规则性也可以采用隐式存储,这时的行列号不予存储,即隐含行列号,从上到下,从左到右顺序存储栅格属性值,以节省存储单元。

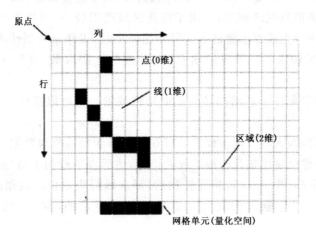

图 3-7　栅格文件

　　用直接编码法存储栅格数据时,在阵列中存在大量相同属性数据,如存储线状地物时,同时存储大量背景栅格;存储面状地物时,每个多边形内存储大量相同属性的栅格。这意味着栅格数据的存储量可以大大压缩。基于这一点出现了不同类型的栅格数据编码方法。

　　4. 栅格数据的取值方法

　　栅格数据是用阵列方式表示数据特征的。阵列中每个元素的数据值表示属性,而位置关系隐含在行列之中,这些行列值实际上是表示了地物的空间位置(图 3-8)。栅格数据的这种表示亦称网格(格网)编码。这种编码方法同遥感图像的编码相一致,其中每个栅格(像素、元素)只能取一个值。而实际上,如前面所说的一个栅格可能对应于实体中几种不同属性值,这时就有如何对栅格取值的问题。下面介绍几种取值方法(以第二行、第二列的栅格为例)。

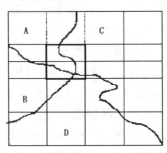

图 3-8　栅格元素的取值方法

(1)面积占优法 是把栅格中占有最大面积的属性值定为本栅格元素的值。如图 3-8 所示的栅格结构用面积占优法得编码方案为：

A	A	C	C
B	Ⓒ	C	C
B	D	D	C
D	D	D	D

(2)中心点法 是将栅格中心点的值作为本栅格元素的值。如图 3-8 所示的栅格结构，用中心点法得编码方案为：

A	A	C	C
B	Ⓐ	C	C
B	D	C	C
D	D	D	D

(3)长度占优法 是将网格中心画一横线，然后用横线所占最长部分的属性值作为本栅格元素的值。如图 3-8 所示的栅格结构，用长度占优法得编码方案为：

A	A	C	C
B	Ⓐ	C	C
B	D	C	C
D	D	D	D

(4)重要性法 重要性法往往突出某些主要属性，对于这些属性，只要在栅格中出现，就把该属性作为本栅格元素的值，在图 3-8 中假设 D 属性具有特殊的重要性，则用重要性法得编码方案为：

A	A	C	C
B	Ⓓ	C	C
D	D	D	C
D	D	D	D

在重要性法中，只要该栅格中含有某种特殊重要性的属性，不管所占比例大小，便认为该栅格属于该属性。

第四节 矢量结构与栅格结构的比较及转换

一、栅格结构与矢量结构的比较

栅格结构与矢量结构是 GIS 中常用的两种数据结构。栅格结构"属性明显，位置隐含"，而矢量结构"位置明显，属性隐含"。矢量结构与栅格结构各有不同的优点和缺点,两者的比较如表3-5所示。

表 3-5　矢量结构与栅格结构的比较

数据结构	优　　点	缺　　点
矢量数据结构	1.便于面向对象的数字表示 2.数据结构紧凑、冗余度低 3.有利于网络与检索分析 4.图形显示质量好、精度高	1.数据结构复杂 2.多边形叠加分析比较困难 3.缺乏同遥感数据及数字地形模型结合的能力
栅格数据结构	1.数据结构简单 2.便于空间分析和地理现象的模拟 3.易于遥感数据结合	1.图形、数据量大 2.投影转换比较困难 3.图形显示质量差 4.不易表示空间的拓扑关系

二、矢量数据与栅格数据的相互转换

1. 矢量数据向栅格数据的转换

(1)确定栅格单元的大小　栅格单元的大小就是它的分辨率,应根据原图的精度、变换后的用途及存储空间等因素予以决定。栅格单元的边长在 X,Y 坐标系中的大小用 ΔX 和 ΔY 表示。设 X_{max}、X_{min} 和 Y_{max}、Y_{min} 分别表示全图 X 坐标和 Y 坐标的最大值与最小值,I、J 表示全图格网的行数和列数,如图 3-9 所示。

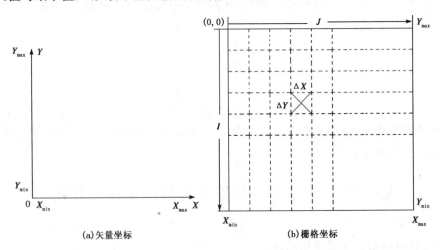

(a)矢量坐标　　　　　　(b)栅格坐标

图 3-9　两种坐标关系

它们之间的关系为:

$$\begin{cases} \Delta X = (X_{\max} - X_{\min})/J \\ \Delta Y = (Y_{\max} - Y_{\min})/I \end{cases}$$

式中 I 和 J 可以由原地图比例尺根据地图对应的地面长宽和网格分辨率相除求得，并取整数。

(2)点的栅格化 点的变换只要这个点落在某一个栅格中，就属于那个栅格单元，其行、列号 I、J 可由下式求出：

$$I = 1 + \text{INT}[(Y_{\max} - Y)/\Delta Y]$$
$$J = 1 + \text{INT}[(X - X_{\min})/\Delta X]$$

式中 INT 表示取整函数。栅格点的值用点的属性表示。

(3)线的栅格化 如图 3-10 所示，设两个端点的行、列号已经求出，其行号为 3 和 7，则中间网格的行号必为 4、5、6。其网格中心线的 Y 坐标应为：

$$Y_i = Y_{\max} - \Delta Y \cdot (I - 1/2)$$

而与直线段交点的 X 坐标为：

$$X_i = [(X_2 - X_1)/(Y_2 - Y_1)](Y_i - Y_1) + X_1$$

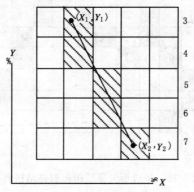

图 3-10 线的转换

(4)多边形(面域)栅格化

①左码记录法。要完成面域的栅格化，其首要前提是实现以多边形线段反映其周围面域的属性特征。目前一般采用的是左码记录法。其原理是：如图 3-11 所示，有一闭合多边形，它将整个矩形面域分割成属性为 1 和 0 的两部分。如果在矢量数字化取数时，没有在数字化点的属性码中反映面域属性差异状况，转换的第一步工作即是要实现这个目标。

第一步，从数字化数据的第一点开始依次记录每一点左边面域的属性值(面域外为 0，面域内为 1)。记录方法可由计算机自动完成，这样，每一个多边形数字化点便实现了"三值化"，即坐标值、线段自身属性值及左侧面域属性值。

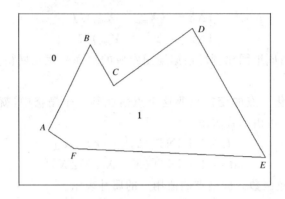

图 3-11　闭合多边形

第二步,对多边形每一条边,按以上所述的线段栅格化的方法进行转换,得到如图 3-12 所示的数据组成。

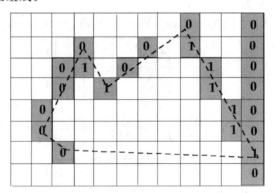

图 3-12　多边形矢量结构向栅格结构转换

第三步,节点处理,使节点的栅格值唯一而准确。

第四步,排序,从第一行起逐行按列的先后顺序排序,这时,所得到的数据结构完全等同于栅格数据压缩编码的数据结构形式。

最后,展开为全栅格数据结构,完成由矢量数据系统向栅格数据系统转换,如图 3-13 所示。

②内部点扩散算法。该算法由每个多边形一个内部点(种子点)开始,向其 8 个方向的邻点扩散,判断各个新加入点是否在多边形边界上,如果在边界上,则新加入点不作为种子点,否则把非边界点的邻点作为新的种子点与原有种子点一起进行新的扩散运算,并把该种子点赋以该多边形的编号。

③射线算法。由待判点向图外某点引射线,判断该射线与某多边形所有边界相

交的总次数，如果相交偶数次，则待判点在该多边形外部，如为奇数次，则待判点在该多边形内部，如图 3-14 所示。

0	0	0	0	0	0	0	0	0	0	0	0
0	0	0	0	0	0	0	1	1	0	0	0
0	0	0	1	0	0	1	1	1	0	0	0
0	0	0	1	1	1	1	1	1	0	0	0
0	0	1	1	1	1	1	1	1	1	0	0
0	0	1	1	1	1	1	1	1	1	1	0
0	0	1	1	1	1	1	1	1	1	1	1
0	0	0	0	0	0	0	0	0	0	0	0

图 3-13 全栅格数据结构

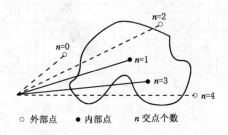

○ 外部点　● 内部点　n 交点个数

图 3-14 射线算法

④扫描算法。是射线算法的改进，将射线改为沿栅格陈列的列或行方向扫描线，判断与射线算法相似。

2. 栅格数据向矢量数据的转换

栅格数据向矢量数据转换通常包括以下 4 个基本步骤：

（1）多边形边界提取 扫描算法省去了计算射线与多边形边界交点的大量运算，大大提高了效率。

采用高通滤波将栅格图像二值化，并经过细化标识边界点，如图 3-15 所示。

①二值化。线画图形扫描后产生栅格数据，这些数据是按从 0～255 的灰度值量度的，设以 $G(i,j)$ 表示，为了将这种 256 或 128 级不同的灰阶压缩到 2 个灰阶，即 0 和 1 两级，首先要在最大和最小灰阶之间定义一个阈值，设阈值为 T，则如果 $G(i,j)$ 大于等于 T，则记此栅格的值为 1；如果 $G(i,j)$ 小于 T，则记此栅格的值为 0，得到一幅二值图，如图 3-15(a) 所示。

②细化。细化是消除线画横断面栅格数的差异，使得每一条线只保留代表其轴线或周围轮廓线（对面状符号而言）位置的单个栅格的宽度，对于栅格线画的

"细化"方法,可分为"剥皮法"和"骨架法"两大类。剥皮法的实质是从曲线的边缘开始,每次剥掉等于一个栅格宽的一层,直到最后留下彼此连通的由栅格点组成的图形。因为一条线在不同位置可能有不同的宽度,故在剥皮过程中必须注意一个条件,即不允许剥去会导致曲线不连通的栅格。这是这一方法的关键所在。其解决方法是,借助一个在计算机中存储的,由待剥栅格为中心的3×3栅格组合图(图3-16)来决定。

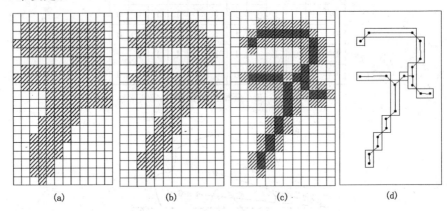

图 3-15 栅格—矢量转换过程

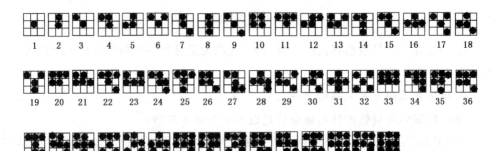

图 3-16 栅格组合图

如图 3-16 所示,一个 3×3 的栅格窗口,其中心栅格有 8 个邻域,因此组合图共有 28 种不同的排列方式,若将相对位置关系的差异只是转置 90°、180°、270°,或互为镜像发射的方法进行归并,则共有 51 种排列格式。显然,其中只有格式 2,3,4,5,10,11,12,16,21,24,28,33,34,35,38,42,43,46 和 50,可以将中心点剥去。这样,通过最多核查 256×8 个栅格,便可确定中间栅格点保留或删除,直到最后得到经细化处理后应予保留的栅格系列(图 3-15(c)),并写入数据文件。

（2）边界线追踪 边界线跟踪的目的就是将写入数据文件的细化处理后的栅格数据，整理为从节点出发的线段或闭合的线条，并以矢量形式存储于特征栅格点中心的坐标(图 3-15(d))。跟踪时，从图幅西北角开始，按顺时针或逆时针方向，从起始点开始，根据 8 个邻域进行搜索，依次跟踪相邻点。并记录节点坐标，然后搜索闭曲线，直到完成全部栅格数据的矢量化，写入矢量数据库。

（3）拓扑关系生成 对于矢量表示的边界弧段，判断其与原图上各多边形空间关系，形成完整的拓扑结构，并建立与属性数据的联系。

（4）去除多余点及曲线圆滑 由于搜索是逐个栅格进行的，必须去除由此造成的多余点记录，以减少冗余。搜索结果曲线由于栅格精度的限制，可能不够圆滑，需要采用一定的插补算法进行光滑处理。常用的算法有线性迭代法、分段三次多项式插值法、正轴抛物线平均加权法、斜轴抛物线平均加权法、样条函数插值法等。

值得注意的是，无论采用哪种转换方法，转换的结果都会程度不同地引起原始信息的损失。

三、矢量与栅格一体化

矢量栅格一体化，对于提高 GIS 的空间分辨率、数据压缩和增强系统分析、输入输出的灵活性十分重要。

1. 传统的矢量与栅格一体化方案

栅格结构和矢量结构在表示空间数据上是同样有效的，栅格结构与矢量结构相结合是较为理想的方案，用计算机程序实现两种结构的高效转换。由程序自动根据操作需要选取合适的结构，以获取最强的分析能力和时间效率，用户不必介入结构类型的选择。

2. 矢量与栅格一体化数据结构

新一代的集成化地理信息系统，要求能够统一管理图形数据、属性数据、影像数据和数字高程模型(DEM)数据，称为四库合一。图形数据与属性数据的统一管理，近年来已取得突破性的进展，通过空间数据库引擎(SDE)，初步解决了图形数据与属性数据的一体化管理。而矢量与栅格数据按传统的观念，认为是两类完全不同性质的数据结构。当利用它们来表达空间目标时，对于线状实体，习惯使用矢量数据结构；对于面状实体，在基于矢量的 GIS 中，主要使用边界表达法，而在基于栅格的 GIS 中，一般用元子空间填充表达法。由此，人们联想到对于用矢量方法表示的线状实体，是不是也可以采用元子空间填充法来表示，即在数字化一个线状实体时，除记录原始采样点外，还记录所通过的栅格。同样，每个面状地物除记录它的多边形边界外，还记录中间包含的栅格。这样，既保持了矢量特性，又具有栅格的性质，就能将矢量与栅格统一起来,这就是矢量与栅格一体化数据结构的基本内涵。

为了建立矢量与栅格一体化数据结构,要对点、线、面目标数据结构的存储作如下统一的约定:

(1)对点状目标　因为没有形状和面积,在计算机内部只需要表示该点的一个位置数据及与节点关联的弧段信息。

(2)对线状目标　它有形状但没有面积,在计算机内部需用一组元子来填满整个路径,并表示该弧段相关的拓扑信息。

(3)对面状目标　它既有形状,又有面积,在计算机内部需表示由元子填满路径的一组边界和由边界组成的紧凑空间。

由于栅格数据结构的精度较低,需利用细分格网的方法来提高点、线和面状目标边界线的数据表达精度。如在有点、线目标通过的基本格网内,再细分成 256×256 个细格网。当精度要求较低时,也可以细分成 16×16 个细格网。

第五节　空间数据的编码方法

一、编码的概念和意义

空间数据编码,是根据 GIS 的目的和任务,把地图、图像等资料按一定数据结构转化为适于计算机存储和处理的数据过程。

空间数据的编码是地理信息系统设计中最重要的技术步骤,它表现由现实世界到数据世界之间的接口,是连接从现实世界到数据世界的纽带。如图 3-17 所示。

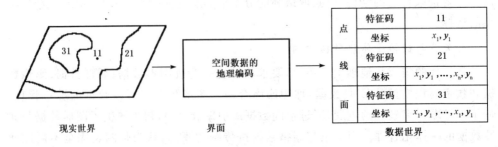

图 3-17　现实世界与数据世界之间的联点

二、栅格数据编码方法

1.直接栅格编码

直接栅格编码是最简单直观而又非常重要的一种栅格结构编码方法,就是将栅格数据看作一个数据矩阵,逐行(或逐列)逐个记录代码,可以每行从左到右逐像元记录,也可以奇数行从左到右而偶数行从右到左记录,为了特定的目的还可以采用其他特殊的顺序(图 3-18)。

```
0   2   2   5   5   5   5   5
2   2   2   2   2   5   5   5
2   2   2   2   3   3   5   5
0   0   2   3   3   3   5   5
0   0   3   3   3   3   5   5
0   0   0   3   3   3   3   3
0   0   0   0   3   3   3   3
0   0   0   0   0   3   3   3
```

图 3-18　多边形的网格

2. 链码

链码又称弗里曼(Freeman)链码或边界链码,它将线状地物或区域边界,由起点和一系列在基本方向上的单位矢量给出每个后续点相对应其前继点的可能的 8 个基本方向之一表示,单位矢量的长度默认为一个栅格像元。如图 3-19 所示。

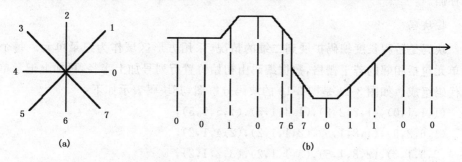

图 3-19　链码的表示方法

链码可以有效地压缩栅格数据,而且对于估算面积、长度、转折方向的凹凸度等运算十分方便,比较适宜存贮图形数据。缺点是对边界合并、插入等修改编辑工作比较困难,对局部的修改将改变整体结构,效率低下,而且由于链码以每个区域为单位存储边界,相邻区域的边界将被重复存储而产生冗余。

3. 游程编码

游程编码的基本思路是:对于一幅栅格图像,常常有行(或列)方向上相邻的若干点具有相同的属性代码,因而可采取某种方法压缩那些重复的记录内容。

在各行(或列)数据的代码发生变化时依次记录该代码以及相同代码重复的个

数,从而实现数据的压缩。如图 3-18 所示栅格数据,可沿行方向进行游程长度编码:

```
0  0  0  0  0  0  0  0
0  5  0  0  0  0  0  0
0  5  0  0  0  0  0  0
0  0  5  0  0  0  0  0
0  0  5  5  0  0  0  0
0  0  0  5  0  0  0  0
0  0  5  0  0  0  0  0
0  0  0  0  0  0  0  0
```

图 3-20　线的网格

$(0,1),(2,2),(5,5);(2,5),(5,3);(2,4),(3,2),(5,2);$
$(0,2),(2,1),(3,3),(5,2);(0,2),(3,4),(5,1),(3,1);$
$(0,3),(3,5);(0,4),(3,4);(0,5),(3,3)。$

游程长度编码是栅格数据压缩的重要编码方法。在栅格加密时,这种编码数量没有明显增加,压缩效率较高,且易于检索、叠加合并等操作,运算简单,适用于计算机存储。

4.块码

块码是游程长度编码扩展到二维的情况,采用方形区域作为纪录单元。每个记录单元包括相邻的若干栅格,数据编码由初始位置行列号加上半径,再加上记录单元的代码组成。如图 3-21 是图 3-18 的块码分解图,其块码表示如下:

$(1,1,1,0),(1,2,2,2),(1,4,1,5),(1,5,1,5),$
$(1,6,2,5),(1,8,1,5),(2,1,1,2),(2,4,1,2),$
$(2,5,1,2),(2,8,1,5),(3,1,1,2),(3,2,1,2),$
$(3,3,1,2),(3,4,1,2),(3,5,2,3),(3,7,2,5);$
$(4,1,2,0),(4,3,1,2),(4,4,1,3),(5,3,1,3),$
$(5,4,2,3),(5,6,1,3),(5,7,1,5),(5,8,1,3);$
$(6,1,3,0),(6,6,3,3),(7,4,1,0),(7,5,1,3);$
$(8,4,1,0),(8,5,1,0)。$

5.四叉树编码

四叉树又称四元树或四分树,是根据栅格数据二维空间分布的特点,将空间区域按照 4 个象限进行递归分割($2^n \times 2^n$,且 $n>1$),直到子象限的数值单调为止,最后得到一棵四分叉的倒向树。也就是说将栅格区域划分为 4 个象限,其终止的依据是,不管是哪一层的象限,只要划分到仅代表一种地物或符合既定要求的少数几种地物时,

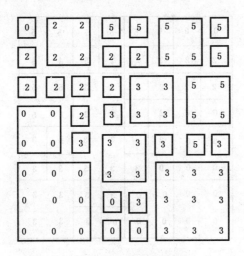

图 3-21　块码的单元分解

则不再继续划分,否则一直划分到单个栅格单元为止。

　　四叉树中象限的大小不一,位于高层次的象限较大,深度小,即分解次数少;而低层次上的象限较小,但深度大即分解的次数多。正是由于四叉树编码能够自动依照图形变化而调整象限尺寸,因此,它具有极高的压缩效率,是最有效的栅格压缩编码方法之一。

　　为了保证四叉树分解能不断地进行下去,要求图像必须为 $2^n \times 2^n$ 的栅格阵列。n 为极限分割次数,$n+1$ 是四叉树最大层数或最大高度,图 3-22 为 $2^3 \times 2^3$ 的栅格,所以最多划分三次,最大层次为 4,对于不标准尺寸的图像,需通过增加背景的方法将图像扩充为 $2^n \times 2^n$ 的标准栅格图像。

　　为了使计算机能以最小的冗余存储图像对应的四叉树,又能方便地完成各种图形图像操作,下面介绍美国马里兰大学地理信息系统中采用的编码方式。该方法记录每个叶子节点的地址和值,值就是子区的代码,其中地址包括两部分共 32 位(二进制,最右边 4 位记录该叶子节点的深度,即处于四叉树的第几层上,有了深度可以推知子区的大小;地址由从根节点到该叶子节点的路径表示;SW、SE、NW、NE 分别用0,1,2,3 表示,从右边第 5 位开始用 $2n$ 位记录这些方向路径。如图 3-23 所示的第 5个节点深度为 3。第一层处于 SW 象限,记为 0;第二层处于 NE 象限,记为 3;第三层处于 SE 象限,记为 1。

　　每层象限位置由两位二进制数表示,共 6 位。这样,记录了各个叶子的地址,再记上相应的代码值,就记录了整个图像,并可在此编码基础上进行多种图像操作。事实上叶子节点的地址可以直接由子区左下角的行列坐标,按二进制按位交错得到。如对于 5 号叶子节点,在以图像左下角为原点的行列坐标中,其左下角行、列坐标为

0	0	0	5	5	5	5	5
2	2	2	2	2	5	5	5
2	2	2	3	3	5	5	5
0	0	2	3	3	3	5	5
0	0	3	3	3	3	5	3
0	0	0	3	3	3	3	3
0	0	0	0	3	3	3	3
0	0	0	0	0	3	3	3

图 3-22　四叉树分解

(2,3),表示为二进制分别为 010 和 011,按位交错就是 001101,正是 5 号方块。

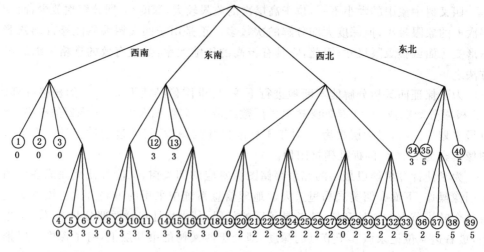

图 3-23　四叉树表示

四叉树编码具有可变的分辨率,并且有区域性质,压缩数据灵活,许多运算可以在编码数据上直接实现,大大提高了运算效率,是优秀的栅格压缩编码之一。四叉树编码最大的问题就是树状表示具有可变性,相同形状、大小的两个区域可能表示为截然不同的结构,故形态分析和模式识别比较困难,难以设计统一的算法。

以上介绍了五种编码方法,直接栅格编码简单直观,是压缩编码方法的逻辑原型

（栅格文件）；链码的压缩效率较高，已接近矢量结构，对边界的运算比较方便，但不具有区域性质，区域运算较难；游程长度编码在很大程度上压缩数据，又最大限度地保留了原始栅格结构，编码解码十分容易，十分适合于微机地理信息系统采用；块码和四叉数编码具有区域性质，又具有可变的分辨率，有较高的压缩效率，四叉数编码可以直接进行大量图形图像运算，效率较高，是很有前途的编码方法。总之，各种栅格数据编码方法各有其优缺点，在实际应用中，要根据具体图件情况及要求，选择适当的编码方法。

三、矢量数据编码方法

1.点实体矢量编码方法

点实体矢量编码比较简单，只是将空间信息和属性信息记录完全就可以了。图3-24 表示了点的矢量编码的基本内容。

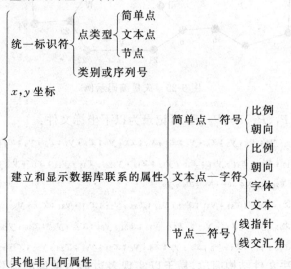

图 3-24　点实体的编码

2.线实体矢量编码方法

线实体主要用来表示线状地物，其矢量内容为：唯一标识码；线标识码；起始点；终止点；坐标对序列；显示信息；非几何属性。

唯一标识码是指系统排列的序号；线标识码是指标识线的类型；起始点和终止点可以用点号或直接用坐标表示；坐标对序列是指坐标对的排列顺序；显示信息是指显示符号或文本等；非几何属性是指与线相联系的属性数据，可以直接存储于线文件中，也可以单独存储，由标识码连接查找。

3. 多边形矢量编码方法

（1）多边形环路法 又叫坐标序列法（spaghetti 方式）或独立实体法，即每个多边形的编码与存储毫不顾及相邻的多边形，由多边形边界的 x,y 坐标对集合及说明信息组成，是最简单的一种多边形矢量编码。如图 3-25 所示。

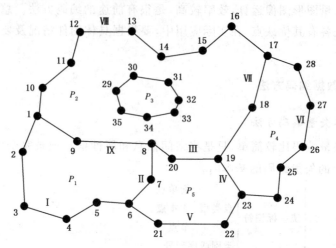

图 3-25　矢量编码示例

五个多边形 P_1、P_2、P_3、P_4、P_5 可记录为以下坐标文件：

$P_1: x_1, y_1; x_2, y_2; x_3, y_3; x_4, y_4; x_5, y_5; x_6, y_6; x_7, y_7; x_8, y_8; x_9, y_9$

$P_2: x_1, y_1; x_{10}, y_{10}; x_{11}, y_{11}; x_{12}, y_{12}; x_{13}, y_{13}; x_{14}, y_{14}; x_{15}, y_{15}; x_{16}, y_{16}; x_{17}, y_{17}; x_{18}, y_{18}; x_{19}, y_{19}; x_{20}, y_{20}; x_8, y_8; x_9, y_9$

$P_3: x_{29}, y_{29}; x_{30}, y_{30}; x_{31}, y_{31}; x_{32}, y_{32}; x_{33}, y_{33}; x_{34}, y_{34}; x_{35}, y_{35}$

$P_4: x_{17}, y_{17}; x_{18}, y_{18}; x_{19}, y_{19}; x_{23}, y_{23}; x_{24}, y_{24}; x_{25}, y_{25}; x_{26}, y_{26}; x_{27}, y_{27}; x_{28}, y_{28}$

$P_5: x_{19}, y_{19}; x_{20}, y_{20}; x_8, y_8; x_7, y_7; x_6, y_6; x_{21}, y_{21}; x_{22}, y_{22}; x_{23}, y_{23}$

多边形环路法文件结构简单，易于以实现多边形为单位的运算和显示。这种方法的缺点主要是：多边形之间公共边界被数字化和存储两次，由此产生数据冗余和图形裂隙或重叠。

（2）树状索引编码法 本法采用树状索引以减少数据冗余并间接增加邻域信息，方法是对所有边界点进行数字化，将坐标对以顺序方式存储，由点索引与边界线号相联系，以线索引与各多边形相联系，形成树状索引结构。

图 3-26 和图 3-27 分别为图 3-25 的多边形线和点树状索引示意图。

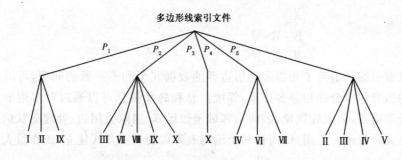

图 3-26　线与多边形之间树状索引

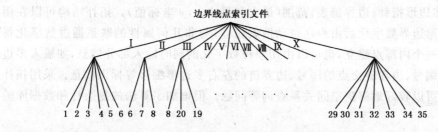

图 3-27　点与边界之间的树状索引

以上树状索引示意图的文件结构如下：

①点文件

点号	坐标
1	x_1, y_1
2	x_2, y_2
……	
35	x_{35}, y_{35}

②线文件

线号	起点	终点	点号
Ⅰ	1	6	1,2,3,4,5,6
Ⅱ	6	8	6,7,8
……			
x	29	35	29,30,31,32,33,34,35

③多边形文件

多边形号	边界线号
1	Ⅰ, Ⅱ, Ⅸ
2	Ⅲ, Ⅶ, Ⅷ, Ⅸ, Ⅹ

3	X
4	Ⅳ，Ⅵ，Ⅶ
5	Ⅱ，Ⅲ，Ⅳ，Ⅴ

树状索引编码消除了相邻多边形边界的数据冗余和不一致的问题，可以简化过于复杂的边界线或合并相邻多边形，邻域信息和岛状信息可以通过对多边形文件的线索引处理得到，但比较烦琐，因而给邻域函数运算、消除无用边、处理岛状信息以及检查拓扑关系带来一定困难，而且两个编码表都需要人工方式建立，工作量大且容易出错。

(3)拓扑结构编码法　拓扑结构一般应包括如下内容：唯一标识；外包多边形指针；邻接多边形指针；边界链表；范围(最大和最小 x，y 坐标值)。拓扑结构可以在用户将多边形边界数字化后由程序自动搜索建立，与非几何属性的联系通过数字化每个多边形一个内部点建立，也可以由用户在数字化的同时输入部分信息，如输入多边形组成的编号、边界链交点的序号、边界链的左右多边形编号等标识信息。采用拓扑结构编码可以较好地解决空间关系查询等问题。但增加了算法的复杂性和数据库的大小。

矢量编码最重要的是信息的完整性和运算的灵活性，这是由矢量结构自身特点决定的，目前矢量编码尚无统一的最佳编码方法，在具体工作中应根据数据的特点和任务的要求灵活设计。

第四章　地理信息系统空间数据库

　　数据库作为数据存储的场所在地理信息系统中发挥着核心的作用。通过数据库用户可以获得空间数据，进行空间分析、决策和管理。因此 GIS 功能的实现取决于数据库的布局和存取能力。

第一节　空间数据库概述

一、空间数据库概念

　　空间数据库是地理信息系统在计算机物理存储介质上存储和应用的相关的地理空间数据的总合。空间数据库是空间数据库系统的简称。

　　空间数据库是 GIS 中空间数据存储场所。空间数据库系统一般包括空间数据库、空间数据库管理系统和空间数据库应用系统三个部分(图 4-1)。

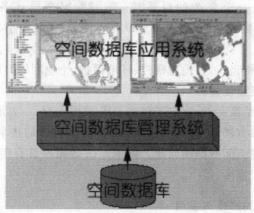

图 4-1　GIS 空间数据库系统

1. 空间数据库

　　按照一定结构组织在一起的相关数据集合，一般是以一系列特定结构的文件形式组织在存储介质上的。

2. 空间数据库管理系统

指提供数据库建立、使用和管理工具的软件系统。它除了提供特定的针对空间数据的管理功能外,还能够对物理介质上存储的地理空间数据进行语义和逻辑上的定义,提供空间数据查询检索和存取的功能。

3. 空间数据库应用系统

提供给用户访问和操作空间数据库的用户界面,是应用户数据处理需求而建立的具有数据库访问功能的应用软件。一般需要进行二次开发。

二、GIS 数据库特点

数据库(data base)是以一定的组织方式存储在一起的相互关联的数据集合,能以最佳方式、最少重复(冗余)为多种目的服务。数据库也可看成是与某方面有关的所有文件的集合,数据库对数据文件重新组织,最大限度地减少数据冗余,增强数据间的联系,实现对数据的合理组织和灵活存取。

GIS 数据库是某区域内关于一定地理要素特征的数据集合,主要涉及对图形和属性数据的管理和组织。它与一般数据库相比,具有以下特点:

(1)GIS 数据库不仅有与一般数据库数据性质相似的地理要素的属性数据,还有大量的空间数据,即描述地理要素空间分布位置的数据,并且这两种数据之间具有不可分割的联系。

(2)地理系统是一个复杂的巨系统,要用数据来描述各种地理要素,尤其是地理的空间位置数据量往往大得惊人,即使是一个极小区域的数据库也是如此。

(3)数据的应用相当广,如地理研究、环境保护、土地利用与规划、资源开发、生态环境、市政管理、道路建设等。

上述特点,尤其是第一点,决定了建立 GIS 数据库时,一方面应该遵循和应用通用的数据库的原理和方法,另一方面还必须采取一些特殊的技术和方法,来解决其他数据库所没有的管理空间数据的问题。由于 GIS 数据库具有明显的空间特性,所以有人又称它为空间数据库。

三、数据库技术的产生与发展

数据管理技术的发展与计算机硬件、系统软件及计算机应用的范围有着密切的联系。数据管理技术的发展经历了三个阶段:人工管理阶段、文件系统阶段、数据库阶段和高级数据库阶段。比较见表 4-1 所示。

表 4-1　数据管理技术三个阶段的比较

		人工管理阶段	文件系统阶段	数据库系统阶段
背景	应用背景	科学计算	科学计算、管理	大规模管理
	硬件背景	无直接存取存储设备	磁盘、磁鼓	大容量磁盘
	软件背景	没有操作系统	有文件系统	有数据库管理系统
	处理方式	批处理	联机实时处理、批处理	联机实时处理、分布处理、批处理
特点	数据的管理者	人	文件系统	数据库管理系统
	数据面向的对象	某一应用程序	某一应用程序	现实世界
	数据的共享程度	无共享、冗余度极大	共享性差、冗余度大	共享性高、冗余度小
	数据的独立性	不独立	独立性差	具有高度的物理独立性和一定的逻辑独立性
	数据的结构化	无结构	记录内有结构,整体无结构	整体结构化,用数据模型描述
	数据的控制能力	应用程序自己控制	应用程序自己控制	由数据库管理系统提供数据安全性、完整性、并发控制和恢复能力

1.人工管理阶段(20 世纪 50 年代中期以前)

在这一阶段,计算机主要用于科学计算,对于数据保存的需求尚不迫切,数据的管理是靠人工进行的,计算机不保存数据,也没有专用的对数据进行管理的软件,只有程序的概念,没有文件的概念,一组数据对应一个应用程序,如图 4-2 所示,数据存在着大量的重复存储现象。

图 4-2　人工管理阶段程序与数据的关系

2.文件系统阶段（20 世纪 50 年代后期至 60 年代中期）

在这一阶段，计算机开始应用于信息管理。硬件方面出现了可以直接存取的外部存储设备，软件方面有了操作系统中专门管理数据的文件系统。数据的管理是以独立的数据文件形式存放，并可按记录存取。在文件系统阶段，一个应用程序可以处理多个数据文件，文件系统在程序与数据之间起到接口的作用，使程序和数据有了一定的独立性，如图 4-3 所示。这使得程序员可以集中精力于算法，不必过多地考虑物理细节，因此在这一时期各种数据结构和算法得到了充分发展。但文件系统的致命缺陷使各种数据文件之间缺乏有机的联系，数据和程序之间缺乏独立性，不能有效地共享相同的数据，从而造成了数据冗余和不一致，给数据的修改和维护带来了困难。

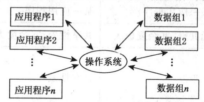

图 4-3 文件管理系统阶段程序与数据之间的关系

3.数据库阶段

随着计算机技术的迅速发展和广泛应用，磁盘技术已经取得重要进展，数据管理中数据量也急剧增长，对数据共享和数据管理就提出了更高的要求，此时文件系统已经不能满足应用的需求，数据库技术也就应运而生。

1969 年 IBM 公司研制开发了数据库管理系统商品化软件 IMS（Information Management System），IMS 的数据模型是层次结构型；1970 年 IBM 公司 San Jose 研究实验室的研究员 E. F. Codd 发表了著名的"大型共享系统的关系数据库的关系模型"论文，为关系数据库技术奠定了理论基础；美国数据系统语言协会 CODASYL（Conference On Data System Language）下属的数据库任务组 DBTG（Data Base Task Group）对数据库方法进行了系统的讨论、研究，提出了若干报告，确定并且建立了数据库系统的许多概念、方法和技术。

这一阶段数据库与应用程序的关系可由图 4-4 表示。

图 4-4 应用程序与数据之间的关系

4. 高级数据库阶段

20 世纪 70 年代开始,数据库技术又有了很大的发展,表现为:

数据库方法,特别是 DBTG 方法和思想应用于各种计算机系统,出现了许多商品化数据库系统,它们大都是基于网状模型和层次模型的。关系方法的理论研究和软件系统的研制取得了很大的成果。

数据库技术日益广泛地应用到企业管理、事务处理、交通运输、信息检索、军事指挥、政府管理和辅助决策等各个方面,深入到生产、生活的各个领域。数据库技术成为实现和优化信息系统的基本技术。

这一阶段的主要标志是 20 世纪 80 年代的分布式数据库系统、90 年代的面向对象数据库系统和各种新型数据库系统。

(1)分布式数据库 分布式数据库系统(Distributed DataBase System,DDBS)是在集中式数据库基础上发展起来的,是数据库技术与计算机网络技术、分布处理技术相结合的产物。分布式数据库系统具有分布的数据,逻辑相关的数据,节点的自治性。

(2)面向对象数据库 它从关系模型中脱离出来,强调在数据库框架中的发展类型、数据抽象、继承和持久性;面向对象数据库系统(Object-Oriented DataBase System,OODBS)是将面向对象的模型、方法和机制与先进的数据库技术有机地结合而形成的新型数据库系统。它的基本设计思想是,一方面把面向对象语言向数据库方向扩展,使应用程序能够存取并处理对象;另一方面扩展数据库系统,使其具有面向对象的特征,提供一种综合的语义数据建模概念集,以便对现实世界中复杂应用的实体和联系建模。

(3)多媒体数据库 多媒体数据库系统(Multi-Media DataBase System,MDBS)是数据库技术与多媒体技术相结合的产物。具有数据量大、结构复杂、时序性、数据传输的连续性的特点。

从实际应用的角度考虑,多媒体数据库管理系统(Multi-Media DataBase Management System,MDBMS)应具有如下基本功能:

①应能够有效地表示多种媒体数据,对不同媒体的数据,如文本、图形、图像、声音等能够按应用的不同,采用不同的表示方法。

②应能够处理各种媒体数据,正确识别和表现各种媒体数据的特征、各种媒体间的空间或时间的关联。

③应能够像其他格式化数据一样对多媒体数据进行操作。

④应具有开放功能,提供多媒体数据库的应用程序接口等。

(4)数据仓库 数据仓库可以提供对企业数据方便访问和具有强大分析能力的工具,从企业数据中获得有价值的信息,发掘企业的竞争优势,提高企业的运营效率和指导企业决策。数据仓库作为决策支持系统(Decision Support System,DSS)的有效解决方案,涉及三方面的技术内容:数据仓库技术、联机分析处理(On-Line Analysis Processing,OLAP)技术和数据挖掘(Data Mining,DM)技术。

第二节 数据库系统的组成与结构

一、数据库系统的组成

数据库系统(DataBase System,DBS)是采用了数据库技术的计算机系统,通常由数据库、硬件、软件、用户四部分组成。数据库系统是一个实际可运行的存储、维护和为应用系统提供数据的软件系统,是存储介质、处理对象和管理系统的集合体。其软件主要包括操作系统、各种宿主语言、实用程序以及数据库管理系统。数据库由数据库管理系统统一管理,数据的插入、修改和检索均要通过数据库管理系统进行。数据管理员负责创建、监控和维护整个数据库,使数据能被任何有权使用的人有效使用。数据库管理员一般是由业务水平较高、资历较深的人员担任。数据库系统如图4-5所示。

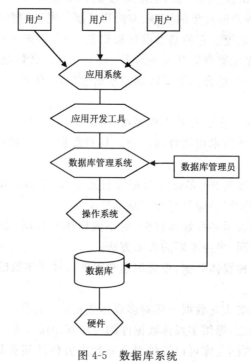

图 4-5 数据库系统

1. 数据库

数据库是指相互关联的数据集合。一般定义为：长期存储在计算机内的、有组织的、可共享的数据的集合。数据库有以下几个特点：

(1)数据结构化　在数据库系统中，数据不再像文件系统中的数据那样从属于特定的应用，而是面向全组织的复杂的数据结构，数据的结构化是数据库系统区别于文件系统的根本特征。

(2)共享　数据库系统中的数据可供多个用户、多种语言和多个应用程序共享，这是数据库技术的基本特征，数据共享大大减少了数据冗余和不一致性，大大提高了数据的利用率和工作效率。

(3)数据独立性　数据的独立性包括数据的物理独立性和逻辑独立性。用户的应用程序与存储在磁盘上的数据库的数据是相互独立的，这就是数据的物理独立性；同时用户的应用程序与数据的逻辑结构是相互独立的，这就是数据的逻辑独立性；它不会因一方的改变而改变，这大大减少了应用程序设计和数据库维护的工作量。

2. 硬件

计算机系统的硬件包括中央处理器、内存、外存、输入/输出设备等。在数据库系统中特别要关注内存、外存、I/O 存取设备、可支持的节点数和性能稳定性指标，现在还要考虑支持联网的能力和必要的后备存储器等因素。此外，还要求系统有较高的通道能力，以提高数据的传输速度。

3. 软件

数据库系统的软件主要包括操作系统(OS)、数据库管理系统(DBMS)、各种宿主语言和应用开发支持软件。DBMS 是在操作系统的文件系统的基础上发展起来的，在操作系统的支持下工作，是数据库系统的核心软件。为了开发应用系统，需要各种宿主语言，这些语言大部分属于第三代语言(3GL)范畴，例如 COBOL，C，PL/I 等；有些是属于面向对象的程序设计语言，例如 C++，Java 等语言。应用开发支撑软件是为应用开发人员提供高效率的、多功能的交互式程序设计系统，一般属于第四代语言(4GL)范畴，包括报表生成器、表格系统、图形系统、具有数据库访问的和表格I/O 功能的软件、数据字典系统等。它们为数据库应用系统的开发和应用提供了良好的环境，提高生产率 20～100 倍。当前比较流行的应用开发工具主要有 Power-Builder，Delphi，Visual Basic 等。

4. 用户

管理、开发和使用数据库系统的用户主要有数据库管理员、应用程序员和普通用户。数据库系统中不同人员涉及不同的数据抽象级别，具有不同的数据用图。

(1)普通用户　普通用户有应用程序和终端用户两类。它们通过应用程序的用户接口使用数据库,目前常用的接口方式有菜单驱动、表格操作、图形显示、报表生成等,这些接口使得用户的操作简单易学易用,适合非计算机专业人员的使用。

(2)应用程序员 应用程序员负责设计和调试数据库系统的应用程序。他们通常使用 4GL 开发工具编写数据库应用程序,供不同用户使用。

(3)数据库管理员(Database Administrator,DBA) DBA 在数据库管理中是及其重要的,即所谓的超级用户。DBA 全面负责管理、控制和维护数据库,使数据能被任何有使用权限的人有效使用,DBA 可以是一个人,或几个人组成的小组。DBA 主要有以下职责:

①参与数据库设计的全过程,决定整个数据库的结构和信息内容。

②帮助终端用户使用数据库系统,如培训终端用户、解答终端用户日常使用数据库系统时遇到的问题等。

③定义数据的安全性和完整性,负责分配用户对数据库的使用权和口令管理等数据库访问策略。

④监督控制数据库的使用和运行,改进和重新构造数据库系统。当数据库受到损坏时,应负责恢复数据库;当数据库的结构需要改变时,完成对数据结构的改变。DBA 不仅要有较高的技术水平和较深的资历,还应具有了解和阐明管理要求的能力。特别对于大型数据库系统,DBA 极为重要。常见的微机系统往往只有一个用户,没有必要设置 DBA,DBA 由应用程序员和终端用户代替。

二、数据库系统的结构

数据库系统通常采用三级结构:模式、外模式和内模式。如图 4-6 所示。

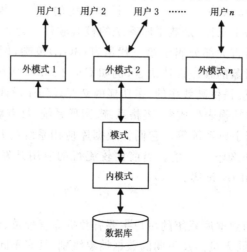

图 4-6 数据库系统的三级模式结构

1.模式（scheme）

模式是数据库中全部数据的逻辑结构的描述，是所用概念记录类型的定义，又称概念模式或逻辑模式。模式一般以某一种数据模式为基础，定义数据的逻辑结构，如记录名称、数据项名称、类型、长度等，还要定义数据的安全性和完整性及数据之间的联系。模式是数据库系统三级结构的中间层，它与应用程序和高级语言无关，也与物理结构无关。

下面我们以关系数据库为例加以说明。例如，在学生选课数据库中，如图 4-7 的关系模型集，图 4-8 是这个关系模型的 4 个具体关系。

数据库系统提供了模式描述语言（模式 DDL）来定义模式。

2.外模式

外模式是指用户所看到和使用的数据库，即局部逻辑结构，又称子模式，或用户视图。一个数据库可以有多个外模式，由于用户的需求和数据的安全等方面的不同，可以有不同的外模式。每个用户都需要通过一个外模式来使用数据库，但不同的用户可以使用同一模式。外模式是数据库系统保证数据库安全的一个重要手段。除此之外，还应指出数据与关系模式中相应数据的联系。例如，在学生选课数据库中，用户需要用到外模式成绩 G，如图 4-9 所示。这个外模式的构造过程如图 4-10 所示。

学生关系模型 S(Snum,Sname,Ssex,Sbirth,Sphone,Dnum)

选课关系模型 SC(Snum,Cnum,Score)

课程关系模型 C(Cnum,Cname,Cfreq)

院系关系 D(Dnum,Dname,Director)

图 4-7　关系模式集

学号 Snum	姓名 Sname	性别 Ssex	出生年月 Sbirth	电话 Sphone	系编号 Dnum
S030101	雷吉平	男	1982－05－08	86845689	D01
S030102	冯玉亮	男	1982－05－05	86843434	D01
S030201	杨文芳	女	1981－06－09	89457321	D02
S030203	张伟	男	1982－03－06	86914555	D02
S030303	张璐	女	1983－11－20	86935701	D03
S030304	徐圣孟	男	1982－01－04	13338766782	D03
S030402	任伟平	男	1984－02－23	86935610	D04
S030404	徐文明	男	1983－09－15	13105712368	D04

学生关系 S

学号 Snum	课程号 Cnum	成绩 Score
S030101	C02	93
S030101	C04	89
S030101	C05	86
S030101	C06	87
S030102	C04	77
S030304	C03	68
S030304	C04	86

选修关系 SC

课程号 Cnum	课程名称 Cname	学分 Cfreq
C01	C 语言	4
C02	数据结构	4
C03	操作系统	3
C04	数据库原理	5
C05	网络原理	3
C06	电子商务	2

课程关系 C

系编号 Dnum	系名称 Dname	负责人 Director
D01	计算机	卢真标
D02	信息管理	陈子欣
D03	自动控制	陈铭林
D04	电子工程	王继伟

院系关系 D

图 4-8　学生选课中的三个关系

数据库系统提供了外模式描述语言(Data Definition Language,DDL)来定义外模式。

成绩外模式 G(Snum,Sname,Cnum,Score)

图 4-9　外模式

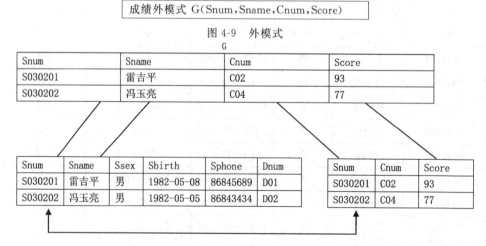

G

Snum	Sname	Cnum	Score
S030201	雷吉平	C02	93
S030202	冯玉亮	C04	77

Snum	Sname	Ssex	Sbirth	Sphone	Dnum
S030201	雷吉平	男	1982-05-08	86845689	D01
S030202	冯玉亮	男	1982-05-05	86843434	D02

Snum	Cnum	Score
S030201	C02	93
S030202	C04	77

图 4-10　外模式 G 的定义

3. 内模式(Internal Schema)

内模式是对内层数据的物理结构和存储方式的描述,是数据在数据库文件内部的表示方式,如记录是如何进行存储的(顺序存储方式还是散列方式)、如何索引等。内模式是用设备介质语言来定义的,又称存储模式或物理模式。内模式对一般用户是透明的。

数据库系统提供了内模式描述语言(内模式 DDL)来定义内模式。

第三节　数据库管理系统

数据库管理系统(DBMS)是数据库系统中对数据进行管理的一组大型软件系统,它是数据库系统的核心组成部分。数据库系统的一切操作,包括查询更新以及各种控制,都是通过 DBMS 进行的。目前常用的 DBMS 有 Oracle,DB2,Sabase, Microsoft SQL Server,FoxPro 和 Access 等。

一、DBMS 的主要功能

DBMS 的主要功能包括以下几个方面:

1. 数据库定义功能

DBMS 提供数据操纵语言 DDL(Data Definition Language)来定义数据库的三级模式和两级映像,定义数据完整性和保密限制等约束。

2. 数据库操纵功能

DBMS 提供数据操纵语言 DML(Data Manipulation Language)来实现对数据库的操作,如查询、插入、修改和删除。DML 有两类:一类是嵌入在宿主语言中,如嵌入在 C,Java,Delphi,PowerBuilder 等高级语言中,这类 DML 成为宿主型 DML;另一类是可以独立地交互使用的 DML,成为自主型或自含型 DML,常用的有 Transact－SQL,SQL Plus 等。目前国内外较流行的 DBMS 都包含有两种 DML 供用户选择。

3. 数据库保护功能

数据库中的数据是信息社会的战略资源,对数据库的保护是至关重要的。DBMS 对数据库的保护主要包括 4 个方面:数据安全性控制、数据完整性控制、数据并发性控制和数据库的恢复。

(1)数据安全性控制　数据安全性控制是对数据库的一种保护措施,它的作用是防止未被授权的用户破坏或存取数据库中的数据,用户首先必须向 DBMS 标识自己,在系统确定有权对指定的数据进行存取时才能存取数据。防止未被授权的用户蓄意或无意地修改数据是很重要的,否则会导致数据完整性的破坏,从而使企事业单位蒙受巨大损失。

(2)数据完整性控制　数据完整性控制是 DBMS 对数据库提供保护的另一个重要方面。完整性是数据的准确性和一致性的测度。当数据加入到数据库中时,对数据的一致性和合法性的检验将会提高数据的完整性程度。完整性控制的目的是保证进入数据库中的存储数据的语义的正确性和有效性,防止操作对数据造成违反其语义的改变。因此,DBMS 允许对数据库中各类数据定义若干语义完整性约束,由 DBMS 强制执行。

(3)并发控制　DBMS 一般允许多用户并发的访问数据库,即数据共享,但是多个用户同时对数据库进行访问可能会破坏数据的正确性,或者存储了错误的数据,或者读取了不正确的数据即所谓的"脏数据"。因此,DBMS 中必须具有并发控制机制,解决多用户下的并发冲突。

(4)恢复功能　恢复功能是保护数据库的又一个重要方面。数据库在运行中可能会出现各种故障,如停电、软硬件各种错误等,导致数据库的损坏或不一致。DBMS 必须把处于故障中的数据库恢复到以前的某个正确状态,保持数据库的一致性。

DBMS 的其他保护功能还有系统缓冲区管理以及数据存储的某些自适应调节机制。

4.数据库维护功能

DBMS 提供一系列的实用程序来完成包括数据库的初始数据的装入、转化功能、数据库的存储、重组、性能监视、分析等维护功能。

5.数据字典

数据字典(Data Dictionary,DD)是对数据库结构的描述,存放着对实际数据库三级模式的定义,是数据库系统中各种描述信息和控制信息的集合,还存放数据库运行时的系统信息,如记录个数和访问次数等。数据字典是数据库管理的有力工具。数据字典是数据库系统的一部分,但用户通常不能直接访问它,只有 DBMS 才能对它进行访问。

二、DBMS 的组成

DBMS 是许多程序所组成的一个大型软件系统,每个程序都有自己的功能,共同完成 DBMS 的一个或几个工作。一个完整的 DBMS 通常由以下几部分组成。

1.语言编译处理程序

(1)数据定义语言 DDL 编译程序　把用 DDL 编写的各级源模式编译成各级目

标模式。这些目标模式是对数据库结构信息的描述,它们被保存在数据字典中,供数据操纵控制时使用。

(2)数据操纵语言 DML 编译程序　它将应用程序中的 DML 语句转换成可执行程序,实现对数据库的检索、插入、修改等基本操作。

2.系统运行控制程序

(1)系统总控程序　用于控制和协调各程序的活动,它是 DBMS 运行程序的核心。

(2)安全性控制程序　防止未被授权的用户存取数据库中的数据。

(3)完整性控制程序　检查完整性约束条件,确保进入数据库的数据的正确性、有效性和兼容性。

(4)并发控制程序　协调多用户、多任务环境下各应用程序对数据库的并发操作,保证数据的一致性。

(5)数据存取和更新程序　实施对数据库数据的检索、插入、修改和删除等操作。

(6)通信控制程序　实现用户程序与 DBMS 间的通信。

此外,还有事物处理程序、运行日志管理程序等。所有这些程序在数据库系统运行过程中协同操作,监视着数据库的所有操作,控制、管理数据库资源等。

3.系统建立、维护程序

(1)安装程序　完成初始数据库的装入。

(2)重组程序　当数据系统性能降低时(如查询速度变慢),需要重新组织数据库,重新装入数据。

(3)系统恢复程序　当数据库系统受到破坏时,将数据库系统恢复到以前某个正确的状态。

4.数据字典系统程序

管理数据字典,实现数据字典功能。

三、DBMS 的数据存取过程

在数据库系统中,DBMS 与操作系统、应用程序、硬件等协调工作,共同完成数据各种存取操作,其中 DBMS 起着关键的作用。图 4-11 为 DBMS 对数据的存取过程示意图。从图中可知,DBMS 对数据的存取通常需要以下四步:

(1)用户对数据库进行操作,使用某种特定的数据操作语言向 DBMS 发出存取请求。

(2)DBMS 接受请求并解释。

(3)DBMS 依次检查模式映像及存储结构定义;同时,DBMS 为应用程序在内存开辟一个 DB 的系统缓冲区,用于数据的传输和格式的转换。而三级模式定义存放在数据字典中。

(4)DBMS 对存储数据执行必要的存取操作。

上述存取过程中还包括安全性控制、完整性控制,以确保数据的正确、有效和一致。

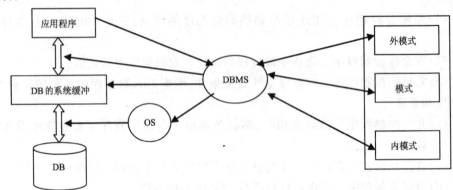

图 4-11 DBMS 对数据存取过程示意图

第四节 数据库模型

数据模型是理解数据库的基础。模型(model)是对现实世界的抽象,数据模型(data model)是对现实世界进行抽象的工具,用于描述现实世界的数据、数据联系、数据语义和数据约束等方面的内容。

一、数据模型

1.数据模型及其要素

(1)模型 模型是对客观世界中复杂对象的描述。

(2)数据模型 数据模型是描述数据的结构和性质、数据之间的联系以及施加在数据或数据联系上的一些限制。

(3)数据模型要素

①数据结构。主要描述数据的类型、内容及数据间的联系,是对系统静态特性的描述。

②数据操作。主要描述在相应数据结构上可进行的操作,是对系统动态特征的描述。

③数据约束。主要描述数据结构内数据间的语法、语义联系,它们之间的制约与

依存关系,必须遵守的通用的完整性约束,是一组完整性规则的集合,从而保证数据的正确性、有效性。

2.数据模型的分类

如同在建筑设计和施工的不同阶段需要不同的图纸一样,在实施数据库应用中也需要使用不同的数据模型,如概念模型(也称信息模型)、逻辑模型和物理模型。

(1)概念模型 概念模型独立于计算机系统,它完全不涉及信息在计算机系统中的表示,只是用来描述某个特定组织所关心的信息结构,是按用户的观点对数据和信息建模,是对企业主要数据对象的基本表示和概括性描述,主要用于数据库设计。

概念模型是按用户的观点对客观事物建模,该模型独立于计算机系统,与具体的数据库管理系统无关。主要用于数据库设计,较为有名的概念模型有 E—R 模型、面向对象模型等。

(2)逻辑模型 逻辑模型是直接面向数据库的逻辑结构的,通常有一组严格定义的、无二义性的语法和语义的数据库语言,人们可以用这种语言来定义、操纵数据库中的数据。

逻辑模型是一种面向数据库系统的模型,概念模型只有在转换成数据模型后才能在数据库中得以表示。逻辑模型有层次模型、网状模型、关系模型、面向对象模型等。

(3)物理模型 物理模型是对数据最低层的抽象,它描述数据在磁盘或磁带上的存储方式和存取方法。此模型给出数据模型在计算机上物理结构的表示。

从概念模型到逻辑模型的转换是由数据库设计人员完成的,从逻辑模型到物理模型的转换是由 DBMS 完成的,一般人员只需要了解逻辑模型就行了。

二、概念数据模型

概念数据模型是用户与数据库设计人员之间进行交流的工具。常见的概念数据模型有实体联系模型(Entity Relationship Model,E—R 模型)。随着数据库应用的深入,将传统的 E—R 模型进行改进,有了扩充 E—R 模型(Enhanced—ER 模型,EER 模型)。另外,将面向对象建模所使用的统一建模语言(Unified Modeling Language,UML)引入,成为新的概念模型。

E—R 模型是 P. P. S. Chen 于 1976 年提出的。E—R 模型是用 E—R 图来描述概念模型的一种常用的表示方法。E—R 模型的基本语义单位是实体与联系,它可以形象地用图形表示实体—联系及其关系。E—R 图是直观表示概念模型的有力工具,该方法简单实用。E—R 图有三要素:

(1)实体 用矩形框表示,框内标注实体名称。

(2)属性 用椭圆行表示,并用连线与实体或联系连接起来。

(3)实体间的联系　用菱形框表示,框内标注联系名称,并用连线将菱形框分别与有关实体相连。

实体间的联系有两种方式:一种是同一实体集中实体间的联系,另一种是不同实体集中实体间的联系。我们主要研究第二种。实体间的联系虽然复杂,但可分解到最基本的两个实体间的联系。实体间的联系可归纳为三种类型:

①一对一关系(1:1)。如果实体集 A 和 B 中的每一个实体至多和另一个实体有联系,那么实体集 A 和 B 的联系称为一对一联系,记做 1:1。例如,飞机的乘客和座位之间、学校与校长之间等都是 1:1 的联系,要注意的是 1:1 联系不一定是一一对应。如图 4-12 所示。

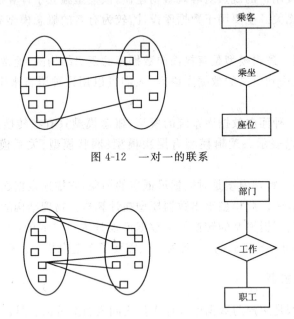

图 4-12　一对一的联系

图 4-13　一对多联系

②一对多关系(1:n)。若实体集 A 中每个实体与实体集 B 中多个任意实体($n \geqslant 0$)有联系,而实体集 B 中每个实体至多与实体集 A 中一个实体有联系,那么称从 A 到 B 是"一对多联系",记为 1:n。例如,部门与职工之间、班级与学生之间、车间与工人之间、系与学生之间,都是一对多联系。1:1 联系是 1:n 联系的一个特例,即 $n=1$ 时是 1:1。如图 4-13 所示。

③多对多关系(m:n)。若实体集 A 和实体集 B 中允许每个实体都和另一个实体集中多个任意实体有联系,那么称 A 和 B 为多对多联系,记为 m:n。例如,图书与读者之间、学生与课程之间、电影院与观众之间、商店和顾客之间都是多对多的关

系。如图 4-14 所示。

实际上,一对一联系是一对多联系的特例,而一对多联系又是多对多的特例。如图 4-15 所示。

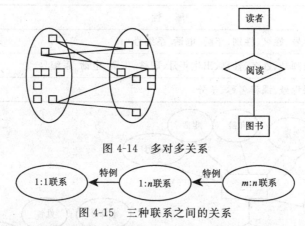

图 4-14　多对多关系

图 4-15　三种联系之间的关系

以上三种实体间的联系都是发生在两个实体之间的,也可以有三个或三个以上的实体同时发生联系:即三实体型或多实体型。例如,教师、课程、参考书之间的三实体型联系:一个教师只能讲授一门课,一门课程可以有若干个教师讲授,可以使用若干本参考书,每一本参考书只供一门课程使用。因此,课程与教师、参考书之间的联系是一对多的三实体型联系。如图 4-16(a)所示。又如,供应商、项目、材料之间的三实体型联系:一个供应商可以为多个项目提供多种材料,每个项目可以使用多个供应商供应的材料,每种材料可由不同的供应商供给。供应商、项目、材料三个实体之间同时存在多对多的联系。如图 4-16(b)所示。

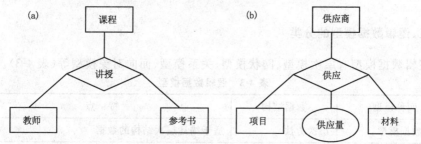

图 4-16　三种实体之间的联系

在一个实体集内的各实体之间同样存在三种联系。例如职工实体集内具有领导和被领导的联系,某一具有领导职务的职工领导若干职工,而其他职工仅被他一人领导,这是一对多的联系。

下面我们用 E−R 图表示学生、教师与课程之间的联系,它们的属性见表 4-2。

学生实体与课程实体的联系为选修,教师实体与课程实体的联系为授课。其实体联系模型如图 4-17 所示。

表 4-2　学生、教师与课程的属性

实　体	属　性
学生	学号、姓名、性别、年龄、电话、系编号
教师	教师号、姓名、性别、出生年月、职称、工资、电话、系编号
课程	课程号、课程名称、学分

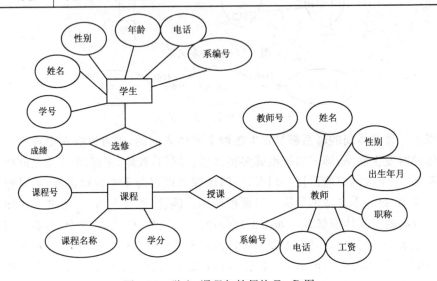

图 4-17　学生、课程与教师的 E－R 图

三、逻辑数据模型的分类

逻辑数据模型有层次模型、网状模型、关系模型、面向对象模型等(表 4-3)。

表 4-3　逻辑数据模型

四种模型	数据结构	特　点
层次数据模型	层次方法	适于描述层次结构的数据
网络数据模型	网络方法	速度快、不易掌握
关系数据模型	关系方法	易于理解和使用、有严格的理论基础
面向对象数据模型	面向对象方法	适于模拟实体的行为

1.层次数据库结构

层次模型是数据库系统中最早出现的数据模型。层次数据库系统采用层次模型作为数据的组织方式。层次数据库系统的典型代表是 IBM 公司的 IMS(Information Management System)数据库管理系统,这是 1968 年 IBM 公司推出的第一个大型的商用数据库管理系统,曾经得到广泛的使用。

层次模型用树形结构来表示各类实体以及实体间的联系。现实世界中许多实体之间的联系本来就呈现出一种很自然的层次关系,如行政机构、家族关系等。树中的每个节点代表一种记录类型,这些节点满足如下规律:有且仅有一个节点无双亲(根节点),其他节点有且仅有一个双亲节点。

(1)层次数据模型的数据结构 在数据库中定义满足下面两个条件的基本层次联系的集合为层次模型。

①有且只有一个节点没有双亲节点,这个节点称为根节点。

②根以外的其他节点有且只有一个双亲节点。

在层次模型中,每个节点表示一个记录类型,记录(类型)之间的联系用节点之间的连线(有向边)表示,这种联系是父子之间的一对多的联系。这就使得层次数据库系统只能处理一对多的实体联系。

每个记录类型可包含若干个字段,这里,记录类型描述的是实体,字段描述的是实体的属性。各个记录类型及其字段都必须命名。各个记录类型、同一记录类型中各个字段不能同名。每个记录类型可以定义一个排序字段,也称为码字段,如果定义该排序字段的值是唯一的,则它能唯一地标识一个记录值。

一个层次模型在理论上可以包含任意有限个记录型和字段,但任何实际的系统都会因为存储容量或实现复杂度而限制层次模型中包含的记录型个数和字段的个数。

图 4-18 是一个教员学生层次数据库。该层次数据库有四个记录型。记录型系是根节点,由系编号、系名、办公地点三个字段组成。它有两个子女节点教研室和学生。记录型教研室是系的子女节点,同时又是教员的双亲节点,它由教研室编号、教研室名两个字段组成。记录类型学生由学号、姓名、成绩三个字段组成。记录教员由职工号、姓名、研究方向三个字段组成。学生与教员是叶节点,它们没有子女节点。由系到教研室、由教研室到教员、由系到学生均是一对多的联系。

图 4-19 是图 4-18 数据模型对应的一个值。该值是 D02 系(计算机科学系)记录值及其所有后代记录值组成的一棵树。D02 系有三个教研室子女记录值:R01,R02,R03 和三个学生记录值:S63871,S63874,S63875。教研室 R01 有两个教员记录值:E2101,E1709;教研室 R03 有两个教员记录值:E1101,E3102。

(2)层次模型的数据操纵与完整性约束 层次模型的数据操纵主要有查询、插入、删除和修改。进行插入、删除、修改操作时要满足层次模型的完整性约束条件。

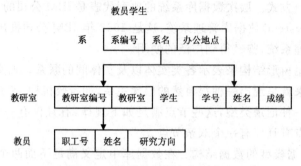

图 4-18　教员学生层次数据库

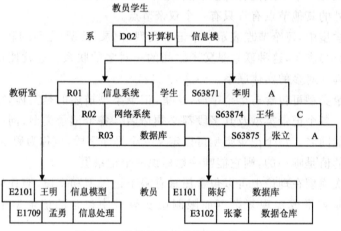

图 4-19　计算机教员学生层次数据库

　　进行插入操作时,如果没有相应的双亲节点值就不能插入子女节点值。例如在图 4-18 的层次数据库中,若新调入一名教师,但尚未分配到某个教研室,这时就不能将新教员插入到数据库中。

　　进行删除操作时,如果删除双亲节点值,则相应的子女节点值也被同时删除。例如在图 4-18 的层次数据库中,若删除网络教研室,则该教研室所有老师的数据将全部丢失。进行修改操作时,应修改所有相应记录,以保证数据的一致性。

　　(3)层次数据模型的存储结构　层次数据库中不仅要存储数据本身,还要存储数据之间的层次联系。层次模型数据的存储常常是和数据之间联系的存储结合在一起的。层次数据库中不仅要存储数据本身,还要存储数据之间的层次联系。常用的实现方法有两种:

　　①邻接法。按照层次树前序穿越的顺序把所有记录值依次邻接存放,即通过物理空间的位置相邻来体现(或隐含)层次顺序(图 4-20)。

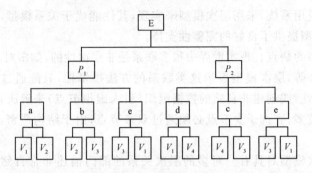

图 4-20　邻接法层次模型

②链接法。用指引元来反映数据之间的层次联系，如图 4-21 所示。其中图 4-21(a)中每个记录设两类指引元，分别指向最左边的子女(每个记录型对应一个)和最近的兄弟，这种链接方法称为子女－兄弟链接法；图 4-21(b)是按树的前序穿越顺序链接各记录值，这种链接方法称为层次序列链接法。

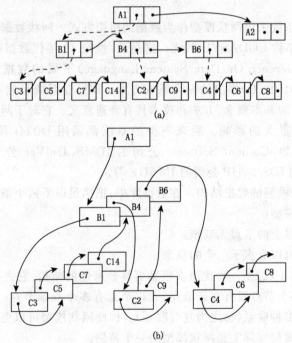

图 4-21　链接法层次模型

(4)层次模型的优缺点

①层次模型的优点。层次数据模型本身比较简单；对子实体间联系是固定的，且

预先定义好的应用系统,采用层次模型来实现,其性能优于关系模型,不低于网状模型;层次数据模型提供了良好的完整性支持。

②层次模型的缺点。现实世界中很多联系是非层次性的,如多对多联系、一个节点具有多个双亲等,层次模型表示这类联系的方法很笨拙,只能通过引入冗余数据(易产生不一致性)或创建非自然的数据组织(引入虚拟节点)来解决;对插入和删除操作的限制比较多;查询子女节点必须通过双亲节点;由于结构严密,层次命令趋于程序化。

可见用层次模型对具有一对多的层次关系的部门描述非常自然、直观,容易理解。这是层次数据库的突出优点。

2.网状数据库结构

在现实世界中事物之间的联系更多的是非层次关系的,用层次模型表示非树形结构是很不直接的,网状模型则可以克服这一弊病。以记录型为节点的网络,反映现实世界事物间复杂的联系。一个节点可以有多个双亲节点;多个节点可以无双亲节点。

网状数据库系统采用网状模型作为数据的组织方式。网状数据模型的典型代表是 DBTG 系统,亦称 CODASYL 系统。这是 20 世纪 70 年代数据系统语言研究会 CODASYL(Conference On Data System Language)下属的数据库任务组(Data Base Task Group,DBTG)提出的一个系统方案。DBTG 系统虽然不是实际的软件系统,但是它提出的基本概念、方法和技术具有普遍意义。它对于网状数据库系统的研制和发展起了重大的影响。后来不少的系统都采用 DBTG 模型或者简化的 DBTG 模型。例如,Cullient Software 公司的 IDMS、UniVac 公司的 DMS1100、Honeywell公司的 IDS/2、HP 公司的 IMAGE 等。

(1)网状数据模型的数据结构　在数据库中,把满足以下两个条件的基本层次联系集合称为网状模型:

①允许一个以上的节点无双亲。

②一个节点可以有多于一个的双亲。

网状模型(图 4-22)是一种比层次模型更具普遍性的结构,它去掉了层次模型的两个限制,允许多个节点没有双亲节点,允许节点有多个双亲节点。此外,它还允许两个节点之间有多种联系(称之为复合联系)。因此网状模型可以更直接地去描述现实世界。而层次模型实际上是网状模型的一个特例。

与层次模型一样,网状模型中每个节点表示一个记录类型(实体),每个记录类型可包含若干个字段(实体的属性),节点间的连线表示记录类型(实体)之间一对多的父子联系。从定义可以看出,层次模型中子女节点与双亲节点的联系是唯一的,而在网状模型中这种联系可以不唯一。

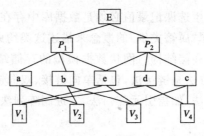

图 4-22　网状模型

　　下面以学生选课为例,看一看网状数据库模式是怎样来组织数据的。

　　按照常规语义,一个学生可以选修若干门课程,某一课程可以被多个学生选修,因此学生与课程之间是多对多联系。这样的实体联系图不能直接用 DBTG 模型来表示。因为 DBTG 模型中不能表示记录之间多对多的联系。为此引进一个学生选课的联结记录,它由三个数据项组成,即学号、课程号、成绩,表示某个学生选修某一门课程及其成绩。

　　这样,学生选课数据库包括三个记录:学生、课程和选课。每个学生可以选修多门课程,显然对学生记录中的一个值,选课记录中可以有多个值与之联系,而选课记录中的一个值,只能与学生记录中的一个值联系。学生与选课之间的联系是一对多的联系,联系名为 S—SC。同样,课程与选课之间的联系也是一对多的联系,联系名为 C—SC。图 4-23 为学生选课数据的网状数据库模式。

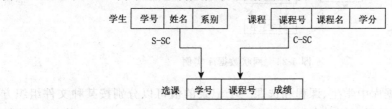

图 4-23　网状数据库模式

　　(2) 网状数据模型的操纵与完整性约束　网状数据模型一般来说没有层次模型那样严格的完整性约束条件,但具体的网状数据库系统(如 DBTG)对数据操纵都加了一些限制,提供了一定的完整性约束。DBTG 在模式 DDL 中提供了定义 DBTG 数据库完整性的若干概念和语句,主要有:

　　①支持记录码的概念,码即唯一标识记录的数据项的集合。例如,学生记录(如图 4-23)中学号是码,固此数据库中不允许学生记录中学号出现重复值。

　　②保证一个联系中双亲记录和子女记录之间是一对多的联系。

　　③可以支持双亲记录和子女记录之间某些约束条件。例如,有些子女记录要求双亲记录存在才能插入,双亲记录删除时也连同删除。例如图 4-24 中 SC 记录就应

该满足这种约束条件,学生选课记录值必须是数据库中存在的某一学生、某一门课的选修记录。DBTG 提供了"属籍类别"的概念来描述这类约束条件。

(3)网状数据模型的存储结构　网状数据模型的存储结构中关键是如何实现记录之间的联系。常用的方法是链接法,包括单向链接、双向链接、环状链接、向首链接等,此外还有其他实现方法,如指引元阵列法、二进制阵列法、索引法等依具体系统不同而不同。

图 4-24 为学生选课网状数据库的一个存储示意图。

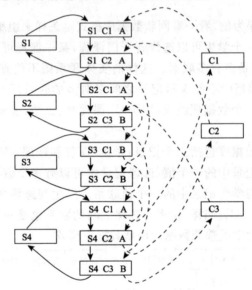

图 4-24　网状数据库实例

学生选课数据库中学生、课程和选课三个记录的值可以分别按某种文件组织方式存储,记录之间的联系用单向链接法实现。图中实线链表示 S－SC 联系,虚线链表示 C－SC 联系。即把 S1 学生和他的选课记录(选修的 C1、C2 两门课程的选课记录)链接起来,同样把 S2、S3、S4 学生和他们的选课记录链接起来;把 C1 课程和选修了 C1 课程的学生记录(有 S1、S2、S3、S4 学生选修了 C1)链接起来,同样把 C2、C3 课程和选修了这些课程的学生记录链接起来。

(4)网状数据模型的优缺点

①网状数据模型的优点。能够更为直接地描述现实世界,如一个节点可以有多个双亲。具有良好的性能,存取效率较高。

②网状数据模型的缺点。结构比较复杂,而且随着应用环境的扩大,数据库的结构就变得越来越复杂,不利于最终用户掌握。其 DDL,DML 语言复杂,用户不容易使用。

由于记录之间联系是通过存取路径实现的,应用程序在访问数据时必须选择适当的存取路径,因此,用户必须了解系统结构的细节,加重了编写应用程序的负担。

网状数据结构的缺点是:指针数据项使数据量增大,当数据复杂时,指针部分会占大量数据库存储空间。另外,数据库中的数据变化(或修改)时,指针也必须随着变化。因此网络数据库中指针的建立和维护可能成为相当大的额外负担。

3. 关系数据库结构

关系数据模型的思想由 IBM 公司的 E.F.Codd 于 1970 年在他的一系列论文中提出,以后的几年里陆续出现了以关系数据模型为基础的数据库管理系统,称为关系数据库系统(RDBMS),代表性的有 system R(IBM)、Ingres、QBE。现代广泛使用的 RDBMS 有:Oracle、Sybase、Informix、DB2、SQL Server、Acess、Fox 系列数据库等。

关系数据库以记录组(或数据表)的形式组织数据,以便于利用各种实体(图形)与属性之间的关系进行数据存取和变换,不分层也无指针。就地理科学来说,分析研究工作离不开空间(主要指图形)数据和非空间(主要指属性)数据。关系数据库则以建立这两类数据之间的关系为主要目标来组织数据。点、线、面图形数据的记录中都包含一个有序特征值,此特征值也可成为关键字,其后存储其他信息。整个记录称为一个"元组",多个元组组成一张二维表,称为"关系"。每个关系通常是一个独立的文件。

从关系数据库中提取数据时,用户要用询问语言编写一个简单的程序,称为"过程"。在这个过程中,用户按自己的需要定义数据间的关系,数据库管理程序则用关系代数法取出用户需要的数据,重新建立数据表。

关系模型是目前最重要的一种数据模型。关系数据库系统采用关系模型作为数据的组织方式。

1970 年美国 IBM 公司 San Jose 研究室的研究员 E.F.Codd 首次提出了数据库系统的关系模型,开创了数据库关系方法和关系数据理论的研究,为数据库技术奠定了理论基础。由于 E.F.Codd 的杰出工作,他于 1981 年获得 ACM 图灵奖。

20 世纪 80 年代以来,计算机厂商新推出的数据库管理系统几乎都支持关系模型,非关系系统的产品也大都加上了关系接口。数据库领域当前的研究工作也都是以关系方法为基础。

(1)关系数据模型的数据结构 关系数据模型与以往的模型不同,它是建立在严格的数学概念基础上的。在用户观点下,关系模型中数据的逻辑结构是一张二维表,它由行和列组成。

①关系(relation)。一个关系就是一张表。

②元组(tuple)。表中的一行。

③属性(attribute)。表中的一列。

④主码(key)。能够唯一确定一个元组的属性。如:学号。

⑤域(domain)。属性的取值范围。如:年龄域是 1～150 之间、性别域是男女、系名域是一个学校所有系名的集合。

⑥分量。元组中的一个属性值,如:95004、黄大鹏、法律学。

⑦关系模式。对关系的描述,一般表示为:关系名(属性 1,属性 2,……,属性 n)。如图 4-25。

关系模型要求关系必须是规范的,最基本的条件是,关系的每一个分量必须是一个不可分的数据项,即不允许表中还有表。如图 4-26 中的表就不是一个关系。

学生登记表

学号	姓名	年龄		系名	年级	
95004	王小明	19	女	社会学	95	元组
95006	黄大鹏	20	男	商品学	95	
95008	张文斌	18	女	法律学	95	
...	...			...	...	

主码　　　　分量　　　　属性

图 4-25　关系模型的数据结构

班号	组名	工资		扣除	实发
		基本	补助		
004	甲组	3200	20	100	3120
	乙组	1500		50	1450
008	甲组	2200	150	100	2250
...	...	...		...	...

图 4-26　不符合关系模型规范的表格

例如上面的关系可描述为:学生(学号、姓名、年龄、性别、系和年级)在关系模型中,实体以及实体间的联系都是用关系来表示。例如学生、课程。学生与课程之间的多对多联系在关系模型中可以如下表示:学生(学号、姓名、年龄、性别、系和年级);课程(课程号、课程名、学分);选修(学号、课程号、成绩)。关系模型要求关系必须是规范化的,即要求关系必须满足一定的规范条件,这些规范条件中最基本的一条就是,关系的每一个分量必须是一个不可分的数据项,也就是说,不允许表中还有表。

(2)关系数据模型的操纵与完整性约束　关系数据模型的操作主要包括查询、插入、删除和修改数据。这些操作必须满足关系的完整性约束条件。关系的完整性约束条件包括三大类:实体完整性、参照完整性和用户定义的完整性。

关系模型中的数据操作是集合操作,操作对象和操作结果都是关系,即若干元组的集合,而不像非关系模型中那样是单记录的操作方式。另一方面,关系模型把存取路径向用户隐蔽起来,用户只要指出"干什么"或"找什么",不必详细说明"怎么干"或"怎么找",从而大大地提高了数据的独立性,提高了用户的生产率。

(3)关系数据模型的存储结构　在关系数据模型中,实体及实体间的联系都用表来表示。在数据库的物理组织中,表以文件形式存储,有的系统一个表对应一个操作系统文件,有的系统自己设计文件结构。关系模型可以简单、灵活地表示各种实体及其关系,其数据描述具有较强的一致性和独立性。在关系数据库系统中,对数据的操作是通过关系代数实现的,具有严格的数学基础。

(4)关系数据模型的优缺点

①关系数据模型的优点。关系模型与非关系模型不同,它是建立在严格的数学概念的基础上的。关系模型的概念单一。无论实体还是实体之间的联系都用关系表示。对数据的检索结果也是关系(即表)。所以其数据结构简单、清晰,用户易懂易用。关系模型的存取路径对用户透明,从而具有更高的数据独立性、更好的安全保密性,也简化了程序员的工作和数据库开发建立的工作。所以,关系数据模型诞生以后发展迅速,深受用户的喜爱。

②关系数据模型的缺点。其最主要的缺点是,由于存取路径对用户透明,查询效率往往不如非关系数据模型。因此为了提高性能,必须对用户的查询请求进行优化,增加了开发数据库管理系统的难度。

关系数据库的最大优点是它的结构特别灵活,可满足所有布尔逻辑运算和数字运算规则形成的询问要求。关系数据库还能搜索、组合和比较不同类型的数据;加入和删除数据都非常方便,因为这一活动只涉及单个元组。

关系数据库的缺点是许多操作都要求在文件中顺序查找满足特定关系的数据。如果数据库很大的话,这一查找过程要花很多时间。商业性的关系数据库必须非常精心地设计才能达到一定的速度,这是关系数据库的主要技术指标,也是建立关系数据库花费高的主要原因。

实体和联系均用二维表(关系)来表示的数据模型称之为关系数据模型,如:

$$R = (A_1, A_2, \cdots A_i, \cdots)$$

其中 R 为关系名, A_i 为关系的属性名。

如:关系学生信息可以表示为:学生(学号、姓名、年龄、性别、籍贯)

其中关键字为学号。如图 4-27 所示。

4. 面向对象地理数据模型

(1)面向对象数据模型的含义　为了有效地描述复杂的事物或现象,需要在更高层次上综合利用和管理多种数据结构和数据模型,并用面向对象的方法进行统一的抽象。这就是面向对象数据模型的含义,其具体实现就是面向对象的数据结构。

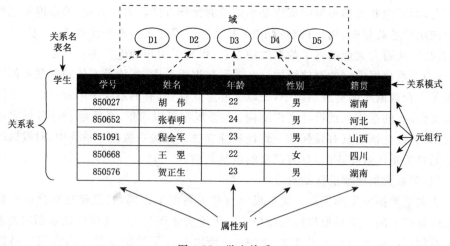

图 4-27　学生关系

面向对象模型最适合于空间数据的表达和管理,它不仅支持变长记录,且支持对象的嵌套、信息的继承和聚集。允许用户定义对象和对象的数据结构及它的操作。可以将空间对象根据 GIS 需要,定义合适的数据结构和一组操作。这种空间数据结构可以带和不带拓扑,当带拓扑时,涉及对象的嵌套、对象的连接和对象与信息聚集。

(2)面向对象地理数据模型的特点

①可充分利用现有数据模型的优点。面向对象的数据模型是一种基于抽象的模型,允许设计者在基本功能上选择最为适用的技术。如可以把矢量和栅格数据结构统一为一种高层次的实体结构,这种结构可以具有矢量结构和栅格结构的特点,但实际的操作仍然是矢量数据用矢量运算,栅格数据用栅格算法。

②具有可扩充性。由于对象是相对独立的,因此可以很自然和容易地增加新的对象,并且对不同类型的对象具有统一的管理机制。

③可以模拟和操纵复杂对象。传统的数据模型是面向简单对象的,无法直接模拟和操纵复杂实体,而面向对象的数据模型具备对复杂对象进行模拟和操纵的能力。

(3)面向对象的几何数据模型　从几何方面划分,GIS 的各种地物对象为点、线、面状地物以及由它们混合组成的复杂地物。每一种几何地物又可能由一些更简单的几何图形元素构成。

每个地物对象都可以通过其标识号和其属性数据联系起来。若干个地物对象(地理实体)可以作为一个图层,若干个图层可以组成一个工作区。在 GIS 中可以开设多个工作区。

在 GIS 中建立面向对象的数据模型时,对象的确定还没有统一的标准,但是,对象的建立应符合人们对客观世界的理解,并且要完整地表达各种地理对象及它们之间的相互关系。

如图 4-28 所示,一个面状地物是由边界弧段和中间面域组成,弧段又涉及节点和中间点坐标。或者说,节点的坐标传播给弧段,弧段聚集成线状地物或面状地物,简单地物聚集或联合组成复杂地物。

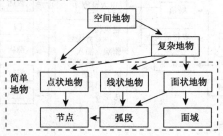

图 4-28　面向对象的几何数据模型

(4)拓扑关系与面向对象模型　将每条弧段的两个端点(通过它们与另外的弧段公用)抽象出来,建立单独的节点对象类型,而在弧段的数据文件中,设立两个节点子对象标识号,即用"传播"的工具提取节点文件的信息(图 4-29)。

节点文件

节点标识	X	Y	Z
…			

面域文件

面标识	弧段标识
…	

弧段文件

弧段标识	起节点	终节点	中间点串
…	…	…	

图 4-29　拓扑关系与数据共享

这一模型既解决了数据共享问题,又建立了弧段与节点的拓扑关系。同样,面状地物对弧段的聚集方式与数据共享和几何拓扑关系的建立也达到一致。

(5)面向对象的属性数据模型　关系数据模型和 RDBMS 基本上适应于 GIS 中属性数据的表达与管理。若采用面向对象数据模型,语义将更加丰富,层次关系也更明了。可以说,面向对象数据模型是在包含 RDBMS 的功能基础上,增加面向对象数据模型的封装、继承和信息传播等功能。

图 4-30 是以土地利用管理 GIS 为例的面向对象属性数据模型。

GIS 中的地物可根据国家分类标准或实际情况划分类型。如土地利用管理 GIS 中的地物可分为耕地、园地、林地、居民地、交通用地、水域等几大类。地物类型的每一大类又可以进一步分类,如居民点可分为城镇、农村居民点等子类。另外,根据需要还可将具有相同属性和操作的类型综合成一个超类,如工厂、农场、商店、饭店等属

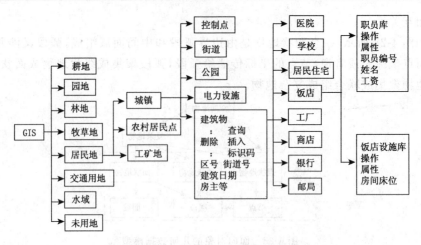

图 4-30　面向对象的属性数据模型

于产业,有收入、税收等属性,可将它们概括为一个更高水平的超类－产业类。由于产业可能不仅与建筑物有关,还可能包含其他类型,如土地等,所以可将产业类设计成一个独立的类,通过行政管理数据库来管理。在整个系统中,可采用双重继承工具,当要查询饭店类的信息时,既要继承建筑物类的属性和操作,又要能够继承产业类的属性和操作。

　　属性数据库管理中也需用到聚集的概念和传播的工具,如在饭店类中,可能不直接存储职工总人数、房间总数和床位总数等信息,它可能从该饭店的子对象职员和房间床位等数据库中派生得到。

　　(6)面向对象数据库系统所具有的优势　与传统的数据库相比,OODB 在下列方面具有一定的优势:

　　①缩小了语义差距。传统数据库设计往往是在问题空间采用某种语义模型(例如 E－R 模型),而在求解空间采用关系模型,于是就必须在这两个空间的表示之间作一个转换,这样往往会丢失语义。OODB 的优势在于在这两个空间中采用了相同/近似的模型,从而使它们之间的语义差距缩小了(图 4-31)。

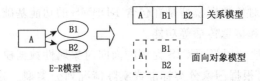

图 4-31　面向对象模型缩小了语义差距

　　②减轻了"阻抗失配"。传统数据库应用往往表现为把数据库语句嵌入某种具

有计算完备性的程序设计语言中，由于数据库语言和程序设计语言的类型系统和计算模型往往不同，所以这种结合是不自然的，这个现象被称为"阻抗失配"。在 OODB 中，把需要程序设计语言编写的操作都封装在对象的内部，从本质上讲，OODB 的问题求解过程只需要表现为一个消息表达式的集合。

③适应非传统应用的需要。众所周知，OODB 研究的目的就是为了适应诸如 CAD、CAM、CASE、GIS 等非传统领域的需要。OODB 中，这种适应性主要表现在能够定义和操纵复杂对象，具备引用共享和并发共享机制以及灵活的事务模型（例如长事务模型、嵌套事务模型、切分事务模型），支持大量对象的存储和获取等。

第五节　空间信息查询

空间信息查询是按一定的要求对地理信息系统所描述的空间实体及其空间信息进行访问，从众多的空间实体中挑选出满足用户要求的空间实体及其相应的属性。查询交互进行时，其结果能动态地通过两个视窗（图形窗和属性表格窗口）进行显示。根据信息查询的出发点不同，可分为三种不同的查询方式：基于空间关系特征的查询，基于属性特征的查询，基于空间关系和属性特征的查询。

提到空间信息查询，必然联系到空间数据模型、空间实体间的空间关系描述、空间索引。

一、空间索引

空间索引就是指依据空间对象的位置和形状或空间对象之间的某种空间关系，按一定的顺序排列的一种数据结构，其中包含空间对象的概要信息，如对象的标识、外接矩形及指向空间对象实体的指针。作为一种辅助性的空间数据结构，空间索引介于空间操作算法和空间对象之间，它通过筛选作用，大量与特定空间操作无关的空间对象被排除，从而提高空间操作的速度和效率。空间索引的性能的优劣直接影响空间数据库和地理信息系统的整体性能，它是空间数据库和地理信息系统的一项关键技术。

常见的大空间索引一般是自顶向下、逐级划分空间的各种数据结构空间索引，比较有代表性的包括 BSP 树、KDB 树、R 树、R＋树和 CELL 树等。此外，结构较为简单的格网型空间索引有着广泛的应用。

1. 格网型空间索引

格网型空间索引思路比较简单明了，容易理解和实现。其基本思想是将研究区域用横竖线条划分为大小相等和不等的网格，记录每一个网格所包含的空间实体。当用户进行空间查询时，首先计算出用户查询对象所在的网格，然后再在该网格中快速查询所选的空间实体,这样一来就大大地加快了空间索引的查询速度。

2.BSP 树空间索引

BSP 树是一种二叉树,它将空间逐级进行一分为二的划分(图 4-32)。BSP 树能很好地与空间数据库中空间对象的分布情况相适应,但就一般情况而言,BSP 树深度较大,对各种操作均有不利影响。

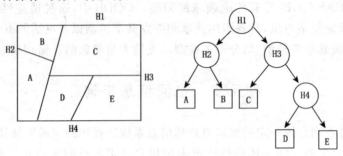

图 4-32　二值空间划分及其相应的 BSP 树

3.KDB 树空间索引

KDB 树是 B 树向多维空间的一种发展。它对于多维空间中的点进行索引具有较好的动态特性,删除和增加空间点对象也可以很方便地实现;其缺点是不直接支持占据一定空间范围的空间对象,如二维空间中的线和面。该缺点可以通过空间映射或变换的方法部分地得到解决。空间映射或变换就是将 Zn 维空间中的区域变换到 Zn 维空间中的点,这样便可利用点索引结构来对区域进行索引,原始空间的区域查询便转化为高维空间的点查询。但空间映射求变换方法仍然存在着缺点:高维空间的点查询要比原始空间的点查询困难得多;经过变换,原始空间中相邻的区域有可能在点空间中距离变得相当遥远,这些都将影响空间索引的性能。

4.R 树空间索引

R 树中每个节点所能拥有的子节点数目是有上下限的。下限保证索引对磁盘空间的有效利用,子节点的数目小于下限的节点将被删除,该节点的子节点将被分配到其他的节点中;设立上限的原因是因为每一个节点只对应一个磁盘页,如果某个节点要求的空间大于一个磁盘页,那么该节点就要被划分为两个新的节点,原来节点的所有子节点将被分配到这两个新的节点中。

R 树可以直接对空间中占据一定范围的空间对象进行索引。R 树的每一个节点 N 都对应着磁盘页 H(N)和区域 I(N),如果节点不是叶节点,则该节点的所有子节点的区域都在区域 I(N)的范围之内,而且存储在磁盘页 D(N)中;如果节点是叶节点,那么磁盘页 D(N)中存储的将是区域 I(N)范围内的一系列子区域,子区域紧紧围绕空间对象，一般为空间对象的外接矩形。

由于 R 树兄弟节点对应的空间区域可以重叠，因此，R 树可以较容易地进行插入和删除操作；但正因为区域之间有重叠，空间索引可能要对多条路径进行搜索后才能得到最后的结果，因此，其空间搜索的效率较低。

5.CELL 树空间索引

考虑到 R 树和 R＋树在插入、删除和空间搜索效率两方面难于兼顾，CELL 树应运而生。它在空间划分时不再采用矩形作为划分的基本单位，而是采用凸多边形来作为划分的基本单位，具体划分方法与 BSP 树有类似之处，子空间不再相互覆盖。CELL 树的磁盘访问次数比 R 树和 R＋树少，由于磁盘访问次数是影响空间索引性能的关键指标，故 CELL 树是比较优秀的空间索引方法。

二、空间信息查询方式

1.基于空间特征的查询（What is it?）

目前大多数成熟的商品化地理信息系统软件的查询功能都可完美地实现对空间实体的简单查找，如根据鼠标所指的空间位置，系统可查找出该位置处的空间实体和空间范围（由若干个空间实体组成）以及它们的属性，并显示出该空间对象的属性列表，并可进行有关统计分析。

该查询工作可分为两步：首先借助于空间索引，在空间数据库中快速检索出被选的空间实体；然后，根据空间数据和属性数据的连接即可得到该空间实体的属性列表。

2.基于属性特征查询（What is about?）

一般来说，基于属性信息的查询操作主要是在属性数据库中完成的。目前大多数地理信息系统软件都将属性信息存储在关系数据库中，而发展成熟的关系数据库又为我们提供了完备的数据索引方法及信息查询手段。几乎所有的关系数据库管理系统都支持标准的结构化查询语言（SQL）。

利用 SQL，我们可以在属性数据库中很方便地实现属性信息的复合条件查询，筛选出满足条件的空间实体的标识值，再到空间数据库中根据标识值检索到该空间实体（图 4-33）。例如，按如下条件查询

$((Pop—80)＞175)$ AND $((Lnc—base＜47))$

3.基于空间关系和属性特征的查询（SQL）

空间实体间有着许多种空间关系（包括拓扑、顺序、度量等关系）。在实际应用过程中，用户往往希望地理信息系统提供一些更能直接计算空间实体关系的功能。如用户希望查询出满足如下条件的城市：

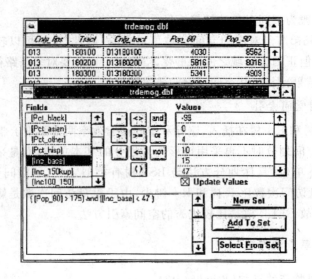

图 4-33　基于属性特征的信息查询

　　A 在某条铁路的东部；B 距离该铁路不超过 30 km；C 城市人口大于 70 万；D 城市选择区域是特定的多边形。

　　整个查询计算涉及了空间顺序关系（铁路东部）、空间距离关系（距离该铁路不超过 30 km）、空间拓扑关系（被选城市在特定的选择区域之内）、属性信息查询（城市人口大于 70 万）。

　　就目前成熟的地理信息系统而言，比较系统地完成上述查询任务还较为困难。为此，众多的地理信息系统专家提出了"空间查询语言"（Spatial Query Language）以作为解决问题的方案，但仍处于理论发展和技术探索阶段。

第五章　空间分析

空间分析是基于地理对象位置和形态的空间数据的分析技术,其目的在于提取和传输空间信息。空间分析是地理信息系统的主要特征。空间分析能力(特别是对空间隐含信息的提取和传输能力)是地理信息系统区别于一般信息系统的主要方面,也是评价一个地理信息系统成功与否的一个主要指标。

自从有了地图,人们就自觉或者不自觉地进行着各种类型的空间分析。比如,在地图上测量地理要素之间的距离、面积以及利用地图进行战术研究和战略决策等。随着现代科学技术尤其是计算机技术引入地图学和地理学,地理信息系统开始孕育、发展。以数字形式存在于计算机中的地图,向人们展示了更为广阔的应用领域。利用计算机分析地图、获取信息,支持空间决策,成为地理信息系统的重要研究内容,"空间分析"这个词汇也就成为了这一领域的一个专门术语。

空间分析是 GIS 的核心和灵魂,是 GIS 区别于一般的信息系统、CAD 或者电子地图系统的主要标志之一。空间分析,配合空间数据的属性信息,能提供强大、丰富的空间数据查询功能。因此,空间分析在 GIS 中的地位不言而喻。

空间分析是为了解决地理空间问题而进行的数据分析与数据挖掘,是从 GIS 目标之间的空间关系中获取派生的信息和新的知识,是从一个或多个空间数据图层中获取信息的过程。空间分析通过地理计算和空间表达挖掘潜在的空间信息,其本质包括探测空间数据中的模式;研究数据间的关系并建立空间数据模型;使得空间数据更为直观地表达出其潜在的含义;改进地理空间事件的预测和控制能力。

空间分析主要通过空间数据和空间模型的联合分析来挖掘空间目标的潜在信息,而这些空间目标的基本信息,无非是其空间位置、分布、形态、距离、方位、拓扑关系等,其中距离、方位、拓扑关系组成了空间目标的空间关系,它是地理实体之间的空间特性,可以作为数据组织、查询、分析和推理的基础。通过将地理空间目标划分为点、线、面不同的类型,可以获得这些不同类型目标的形态结构。将空间目标的空间数据和属性数据结合起来,可以进行许多特定任务的空间计算与分析。

不少空间分析方法已经在 GIS 软件中实现,ArcGISToolsBox 中就集成了大量的空间分析工具,例如空间信息分类、叠加、网络分析、领域分析、地统计分析等;另外,还有一系列适应地理空间数据的高性能的计算模型和方法,例如人工神经网络、模拟退火算法、遗传算法等。但总的来说,在 GIS 软件中实现的专业空间分析模块还比较少,由于空间分析理论自身的不完善,也使得还没有比较全面、权威的软件包集成于 GIS 软件中。GIS 软件与空间分析软件相结合的方式有两种,一种是高度耦合,一种是松散耦合。

高度耦合结构即把空间分析模块嵌入到 GIS 软件包中,供用户直接从图形界面中选择各种功能,GIS 中相关的数据直接可以参与到空间分析计算中,这种方式方便了用户,但代价是开发费用较高,实现周期长。也只有少数的大型 GIS 公司才会深入地涉足到高度耦合结构 GIS 软件的设计与开发中,例如美国 ESRI 公司。松散耦合结构则是在相对独立的 GIS 软件和空间分析软件之间使用一个数据交换接口,GIS 软件中的数据通过接口为空间分析软件提供基本的分析数据源,经空间分析软件计算出的结果通过接口以图形的方式显示在 GIS 软件中,实现这种架构方式相对容易,费用也相对较低,一般使用开源的 GIS 软件即可实现这种结构。

第一节 空间信息量算

空间信息量算是空间分析的定量化基础。空间信息分析的内涵极为丰富,作为 GIS 的核心部分之一,它在地理数据的应用中发挥着举足轻重的作用。空间信息量算包括:质心量算、几何量算、形状量算。

空间信息量算是空间信息分析的定量化基础。

1. 质心量算

描述地理目标空间分布的最有用的单一量算是目标的质心位置。地理目标的质心是目标的平均位置,它是目标保持均匀分布的平衡点,它可通过对目标坐标值加权平均求得:

$$X_G = \frac{\sum_i W_i X_i}{\sum_i W_i}$$

$$Y_G = \frac{\sum_i W_i Y_i}{\sum_i W_i}$$

式中 X_G、Y_G 为目标的质心坐标;i 为离散目标物,W_i 为该目标权重,X_i、Y_i 为其坐标。

质心的量算,可以跟踪某些地理分布的变化,例如人口变迁、土地类型的变化,也可以简化某些复杂目标。在某些情况下,可以方便地导出某些预测模型。

2.几何量算

几何量算对点、线、面、体 4 类目标物而言,其含义是不同的:

· 点状目标:坐标;

· 线状目标:长度、曲率、方向;

· 面状目标:面积、周长等;

· 体状目标:表面积、体积等。

线由点组成,而线长度可由两点间直线距离相加得到。

面积和周长的计算:在平面直角坐标系中,计算面积时,计算 y 值以下面积,按矢量方向,分别求出向右、向左两个方向各自的面积,它们的绝对值之差,便是多边形面积值(图 5-1)。周长则是线段之和。

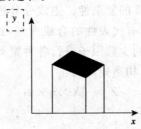

图 5-1　多边形面积计算

3.形状量算

目标物的外观是多变的,很难找到一个准确的量对其进行描述。因此,对目标属紧凑型的或膨胀型的判断极其模糊。如果认为一个标准的圆目标既非紧凑型也非膨胀型,则可定义其形状系数 r 为:

$$r = \frac{P}{2\sqrt{\pi} \cdot \sqrt{A}}$$

式中 P 为目标物周长;A 为目标物面积。

如果$r<1$,目标物为紧凑型;

　　　$r=1$,目标物为一标准圆;

　　　$r>1$,目标物为膨胀型。

第二节　空间信息分类

空间信息分类是 GIS 功能的重要组成部分。空间信息分类方法是地理信息系统功能组成的重要组成部分。与地图相比较,地图上所载负的数据是经过专门分类和处理过的,而地理信息系统存储的数据则具有原始数据的性质,这样用户就可以根据不同的使用目的对数据进行任意的提取和分析。对于数据分析来说,随着采用的分类方法和内插方法的不同,得到的结果会有很大的差异,因此,在大多数情况下,首先是将大量未经分类的数据输入地理信息系统的数据库,然后根据用户建立的具体分类算法来获得所需要的信息。

对于线状地物求长度、曲率、方向;对于面状地物求面积、周长、形状、曲率等;对于体状地物求几何体的质心、空间实体间的距离等。

常用的空间信息分类的数学方法有:主成分分析法、层次分析法、系统聚类分析、判别分析等。

1.主成分分析法

地理问题往往涉及大量相互关联的自然和社会要素,众多的要素常常给分析带来很大困难,同时也增加了运算的复杂性。主成分分析法通过数理统计分析,将众多要素的信息压缩表达为若干具有代表性的合成变量,这就克服了变量选择时的冗余和相关,然后选择信息最丰富的少数因子进行各种聚类分析。

设有 m 个样本,n 个变量,构造矩阵为:

$$Z = (X_{ij})n \times m$$

其斜方差方阵 R 为实对称矩阵:

$$R = \frac{1}{n}Z \cdot Z^T = (r_{ij})n \times m$$

用 Jacobi 方法找出线性变换:

$$\begin{bmatrix} y_1 \\ y_2 \\ \vdots \\ y_n \end{bmatrix} = \begin{bmatrix} v_{11} & v_{12} & \cdots & v_{1m} \\ v_{21} & v_{22} & \cdots & v_{2m} \\ \vdots & \vdots & \vdots & \vdots \\ v_{n1} & v_{n2} & \cdots & v_{nm} \end{bmatrix} \begin{bmatrix} x_1 \\ x_2 \\ \vdots \\ x_m \end{bmatrix} \tag{5-5}$$

使得 $y_1, y_2, \cdots, y_n$ 互不相关,R 矩阵的特征值越大,该主成分的贡献越大,因而可以选择累计贡献百分比在一定阈值以内的若干因子作为主因子参加分析运算。

2.层次分析法(AHP)

在分析涉及大量相互关联、相互制约的复杂因素时,各因素对问题的分析有着不同程度的重要性,决定它们对目标的重要性序列对问题的分析十分重要。AHP 方法把相互关联的要素按隶属关系划分为若干层次,请有经验的专家们对各层次各因素的相对重要性给出定量指标,利用数学方法,综合众人意见给出各层次各要素的相对重要性权值,作为综合分析的基础。

3.系统聚类分析

系统聚类是根据多种地学要素对地理实体划分类别的方法。对不同的要素划分类别往往反映不同目标的等级序列,如土地分等定级、水土流失强度分级等。

系统聚类根据实体间的相似程度,逐步合并为若干类别,其相似程度由距离或相似系数定义,主要有绝对值距离、欧氏距离、切比雪夫距离、马氏距离等。

4.判别分析

判别分析与聚类分析同属分类问题,所不同的是,判别分析是根据理论与实践,预先确定出等级序列的因子标准,再将分析的地理实体安排到序列的合理位置上。对于诸如水土流失评价、土地适宜性评价等有一定理论根据的分类系统的定级问题比较适用。常规的判别分析主要有距离判别法和 Bayes 最小风险判别法等。

第三节　缓冲区分析

缓冲区分析(buffer analysis)是针对点、线、面实体,自动建立其周围一定宽度范围以内的缓冲区多边形。

邻近度描述了地理空间中两个地物距离相近的程度,是空间分析的一个重要手段。交通沿线或河流沿线的地物有其独特的重要性,公共设施的服务半径,大型水库建设引起的搬迁,铁路、公路以及航运河道对其所穿过区域经济发展的重要性等,均是一个邻近度问题。缓冲区分析是解决邻近度问题的空间分析工具之一。所谓缓冲区就是地理空间目标的一种影响范围或服务范围。

缓冲区的产生有三种情况:一是基于点要素的缓冲区,通常以点为圆心、以一定距离为半径的圆;二是基于线要素的缓冲区,通常是以线为中心轴线,距中心轴线一定距离的平行条带多边形;三是基于面要素多边形边界的缓冲区,向外或向内扩展一定距离以生成新的多边形。

缓冲区分析是地理信息系统重要的空间分析功能之一,它在交通、林业、资源管理、城市规划中有着广泛的应用。例如:湖泊和河流周围保护区的定界、汽车服务区的选择、民宅区远离街道网络缓冲区的建立等。

缓冲区分析是对选中的一组或一类地图要素(点、线或面)按设定的距离条件,围绕其要素而形成一定缓冲区多边形实体,从而实现数据在二维空间得以扩展的信息分析方法。缓冲应用的实例如:污染源对其周围的污染量随距离而减小,确定污染的区域;为失火建筑找到距其 500 m 范围内所有的消防水管等。

一、缓冲区的基础

缓冲区是地理空间目标的一种影响范围或服务范围在尺度上的表现。它是一种因变量,随所研究的要素的形态而发生改变。从数学的角度来看,缓冲区是给定空间对象或集合后获得的它们的领域,而邻域的大小由邻域的半径或缓冲区建立条件来决定,因此对于一个给定的对象 A,它的缓冲区可以定义为:

$$P = \{x \mid d(x, A) \leqslant r\}$$

式中 d 一般是指欧式距离,也可以是其他的距离;r 为邻域半径或缓冲区建立的条件。

缓冲区建立的形态多种多样,这是根据缓冲区建立的条件来确定的,常用的对于点状要素有圆形,也有三角形、矩形和环形等;对于线状要素有双侧对称、双侧不对称或单侧缓冲区;对于面状要素有内侧和外侧缓冲区,虽然这些形体各异,但是可以适合不同的应用要求,建立的原理都是一样的。点状要素、线状要素和面状要素的缓冲区示意图如图 5-2。

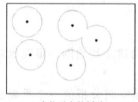 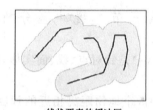 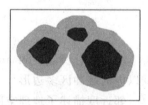

点状要素的缓冲　　　　　　线状要素的缓冲区　　　　　　面状要素的缓冲区

图 5-2　点、线和面状要素的缓冲区

二、缓冲区分析函数

在 GIS 的空间操作中,涉及到确定不同地理特征的空间接近度或临近性的操作就是建立缓冲区。例如在林业方面,要求距河流两岸一定范围内规定出禁止砍伐树木的地带,以防止水土流失;又例如,城市道路扩建需要推倒一批临街建筑物,于是要建立一个距道路中心线一定距离的缓冲区,落在缓冲区内的建筑就是必须拆迁的。缓冲分析就是在点、线、面实体(缓冲目标)周围建立一定宽度范围的多边形。换言之,任何目标所产生的缓冲区总是一些多边形,这些多边形将构成新的数据层(图5-3)。

点缓冲　　　　　　　　线缓冲　　　　　　　　面缓冲

图 5-3　单元素缓冲分析

图 5-4 显示了单个点、单个线或单个面的缓冲区。如果缓冲目标是多个点（或多个线、多个面），则缓冲分析的结果是各单个点（线、面）的缓冲区的合并，碰撞到一起的多边形将被合并为一个，也就是说，GIS 可以自动处理两个特征的缓冲区重叠的情况，取消由于重叠而落在缓冲区内的弧段。

多点缓冲　　　　　　多线缓冲　　　　　　多面缓冲

图 5-4　多元素缓冲分析

三、缓冲区的建立

从原理上来说，缓冲区的建立相当简单，对点状要素直接以其为圆心，以要求的缓冲区距离大小为半径绘圆，所包容的区域即为所要求的区域，对点状要素因为是在一维区域里，所以较为简单；而线状要素和面状要素则比较复杂，它们缓冲区的建立是以线状要素或面状要素的边线为参考线，来作其平行线，并考虑其端点处建立的原则，即可建立缓冲区，但是在实际中处理起来要复杂得多。

1. 角平分线法

该算法的原理是首先对边线作其平行线，然后在线状要素的首尾点处作其垂线，并按缓冲区半径 r 截出左右边线的起止点，在其他的折点处用与该点相关联的两个相邻线段的平行线的交点来确定。如图 5-5。

该方法的缺点是在折点处无法保证双线的等宽性，而且当折点处的夹角越大，d 的距离就越大，故而误差就越大，所以要有相应的补充判别方案来进行校正处理。

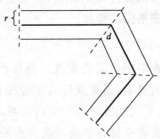

图 5-5　角平分线法

2. 凸角圆弧法

该算法的原理是首先对边线作其平行线,然后在线状要素的首尾点处作其垂线,并按缓冲区半径 r 截出左右边线的起止点,然后以 r 为半径分别以首尾点为圆心,以垂线截出的起止点为圆的起点和终点作半圆弧,在其他的折点处,首先判断该点的凹凸性,在凸侧用圆弧弥合,在凹侧用与该点相关联的两个相邻线段的平行线的交点来确定。如图 5-6。

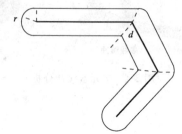

图 5-6　凸角圆弧法

该方法在理论上保证了等宽性,减少了异常情况发生的概率。该算法在计算机实现自动化时非常重要的一点是对凹凸点的判断,需要利用矢量的空间直角坐标系的方法来进行判断处理。

第四节　叠加分析

大部分 GIS 软件是以分层的方式组织地理景观,将地理景观按主题分层提取,同一地区的整个数据层集表达了该地区地理景观的内容。地理信息系统的叠加分析是将有关主题层组成的数据层面进行叠加,产生一个新数据层面的操作,其结果综合了原来两层或多层要素所具有的属性。叠加分析不仅包含空间关系的比较,还包含属性关系的比较。叠加分析可以分为以下几类:视觉信息叠加、点与多边形叠加、线与多边形叠加、多边形叠加、栅格图层叠加。

1. 叠置分析(overlay analysis)

覆盖叠置分析是将两层或多层地图要素进行叠加产生一个新要素层的操作,其结果将原来要素分割生成新的要素,新要素综合了原来两层或多层要素所具有的属性。也就是说,覆盖叠置分析不仅生成了新的空间关系,还将输入数据层的属性联系起来产生了新的属性关系。覆盖叠置分析是对新要素的属性按一定的数学模型进行计算分析,进而产生用户需要的结果或回答用户提出的问题。

拓扑叠加能够把输入特征的属性合并到一起,实现特征属性在空间上的连接。

拓扑叠加时,新的组合图的关系将被更新。叠加可以是多边形对多边形的叠加(生成多边形数据层),也可以是线对多边形的叠加(生成线数据层)、点对多边形的叠加(生成点数据层)、多边形对点的叠加(生成多边形数据层)、点对线的叠加(生成点数据层)。

2.多边形与多边形叠加

多边形与多边形合成叠加的结果,是在新的叠置图上,产生了许多新的多边形,每个多边形内都具有两种以上的属性。这种叠加特别能满足建立模型的需要。例如,将一个描述地域边界的多边形数据层叠加到一个描述土壤类别分界线的多边形要素层上,得到的新的多边形要素层就可以用来显示一个城市中不同分区的土壤类别。由于两个多边形叠加时其边界在相交处分开,因此,输出多边形的数目可能大于输入多边形的总和。

多边形与多边形的叠加可以有合并(union)、相交(intersect)、相减(substraction)、判别(identity)等方式。它们的区别在于输出数据层中的要素不同。合并保留两个输入数据层中所有多边形;相交则保留公共区域;相减从一个数据层中剔除另一个数据层中的全部区域。

这个过程是将两层中的多边形要素叠加,产生输出层中的新多边形要素,同时它们的属性也将联系起来,以满足建立分析模型的需要。一般 GIS 软件都提供了三种多边形叠置。

(1)多边形合并　输出保留了两个输入的所有多边形。

(2)多边形相交　输出保留了两个输入的共同覆盖区域。

(3)相减　从一个数据层中剔除另一个数据层中的全部区域。

(4)多边形判别　以一个输入的边界为准,而将另一个多边形与之相匹配,输出内容是第一个多边形区域内两个输入层所有多边形。判别是将一个层作为模板,而将另一个输入层叠加在它上面,落在模板层边界范围内的要素被保留,而落在模板层边界范围以外的要素都被剪切掉。

多边形叠置是个非常有用的分析功能,例如,人口普查区和校区图叠加,结果表示了每一学校及其对应的普查区,由此就可以查到作为校区新属性的重叠普查区的人口数。

以下以图解方式详细解释几类叠加方式的不同,在图 5-7 至图 5-10 中,叠加结果用阴影表示,叠加结果的属性为:标志码、面积、周长、f_1、区号、f_2。其中区号为第二个数据层的区号。

标志码	面积	周长	f₁
1	320.5	61.2	a

标志码	面积	周长	f₂
1	280.7	50.1	b

标志码	面积	周长	f₁	区号	f₂
1	198.2	51.3	a		
2	122.3	42.1	a	1	b
3	158.4	53.4		1	b

  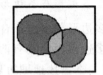

图 5-7　多边形合并叠加

标志码	面积	周长	f₁
1	320.5	61.2	a

标志码	面积	周长	f₂
1	280.7	50.1	b

标志码	面积	周长	f₁	区号	f₂
2	122.3	42.1	a	1	b

图 5-8　多边形相交叠加

标志码	面积	周长	f₁
1	320.5	61.2	a

标志码	面积	周长	f₂
1	280.7	50.1	b

标志码	面积	周长	f₁	区号	f₂
1	198.2	51.3	a		

图 5-9　多边形相减叠加

标志码	面积	周长	f₁
1	320.5	61.2	a

标志码	面积	周长	f₂
1	280.7	50.1	b

标志码	面积	周长	f₁	区号	f₂
1	198.2	51.3	a		
2	122.3	42.1	a	1	b

图 5-10　多边形判别叠加

3.点与多边形叠加

点与多边形叠加实质上是计算包含关系。叠加的结果是为每点产生一个新的属性。例如,井位与规划区叠加,可找到包含每个井的区域。叠加结果是一串带有附加属性的点要素,点所在的多边形的属性被连接到点的属性中。例如,井的位置以点要素的形式作为一层土地租用分区以多边形要素的形式记录在另一层,那么这两层作点对多边形叠加的结果可以用来确定井在各土地租用区内的分布。点对多边形叠加也可以有相交、判别、相减等方式,叠加结果分别是落在多边形内的点要素、所有点要素、多边形以外的点要素。

4.多边形对点叠加

多边形对点叠加的结果是多边形,但只保留那些有点落在上面的多边形,这种叠加不作属性连接,结果多边形的属性和原始多边形相同。

5.点对线叠加

点对线叠加的结果为点要素,它保留所有点,找到距离某点最近的线并计算出点线之间的距离,然后将线号和点线距离记录到该点的属性中。

点线距离定义为:对任意点 D 和曲线 L,假设 L 由 n 个离散点 $d[0]$,$d[1]$,$d[2]$,…,$d[n]$ 构成,则 D 到 $d[0]$,$d[1]$,…,$d[n]$ 的距离分别为 S_0,S_1,…,S_n,D 到直线段 $(d[0],d[1])$、$(d[1],d[2])$…$(d[n-1],d[n])$ 的法线距离分别为:

$$l_i = \begin{cases} D \text{ 到} (d[i-1],d[i]) \text{ 的法线距离} & \text{若法线距离存在} \\ \infty & \text{若法线距离不存在} \end{cases}$$

那么点 D 到曲线 L 的距离 $S = \min(S_0, S_1, S_2, …, S_n, l_1, l_2, …, l_n)$。

这种点对线的叠加作用是显而易见的。例如,建筑物以点要素形式作为一层,道路以线要素形式作为一层,这点对线的叠加将求出离每个建筑物最近的道路及相应的距离。

6.线与多边形叠加

将多边形要素层叠加到一个弧段层上,以确定每条弧段(全部或部分)落在哪个多边形内。线对多边形叠加的结果是一些弧段,这些弧段也具有它们所在的多边形的属性。例如,公路以线的形式作为一层,将它与另一层的县界多边形作叠加,其结果能够用来决定每条公路落在不同县内的公里长度。线对多边形叠加可以有相交、判别、相减等方式,叠加结果分别是穿过多边形的要素部分、所有线要素(被多边形切断)、多边形以外的线要素。

第五节　网络分析

网络分析(network analysis),对地理网络(如交通网络)、城市基础设施网络(如各种网线、电力线、电话线、供排水管线等)进行地理分析和模型化,是地理信息系统中网络分析功能的主要目的。网络分析是运筹学模型中的一个基本模型,它的根本目的是研究、筹划一项网络工程如何安排,并使其运行效果最好,如一定资源的最佳分配,从一地到另一地的运输费用最低等。其基本思想则在于人类活动总是趋向于按一定目标选择达到最佳效果的空间位置。这类问题在生产、社会、经济活动中不胜枚举,因此研究此类问题具有重大意义。

网络中的基本组成部分和属性如下:

①链(links)。网络中流动的管线,如街道、河流、水管等,其状态属性包括阻力(Impedence)和需求(demand)。

②障碍(barriers)。禁止网络中链上流动的点。

③拐角点(turns)。出现在网络链中所有的分割节点上,状态属性有阻力,如拐弯的时间和限制(如不允许左拐)。

④中心(centers)。是接受或分配资源的位置,如水库、商业中心、电站等,其状态属性包括资源容量,如总的资源量;阻力限额,如中心与链之间的最大距离或时间限制。

⑤站点(stops)。在路径选择中资源增减的站点,如库房、汽车站等,其状态属性有要被运输的资源需求,如产品数。

网络中的状态属性有阻力和需求两项,实际的状态属性可通过空间属性和状态属性的转换,根据实际情况赋到网络属性表中。网络分析包括:路径分析(寻求最佳路径)、地址匹配(实质是对地理位置的查询)以及资源分配。

1.路径分析

(1)静态求最佳路径　由用户确定权值关系后,即给定每条弧段的属性,当需求最佳路径时,读出路径的相关属性,求最佳路径。

(2)动态分段技术　给定一条路径由多段联系组成,要求标注出这条路上的公里点或要求定位某一公路上的某一点,标注出某条路上从某一千米数到另一千米数的路段。

(3)N 条最佳路径分析　确定起点、终点,求代价较小的 N 条路径,因为在实践中往往仅求出最佳路径并不能满足要求,可能因为某种因素不走最佳路径,而走近似最佳路径。

(4)最短路径　确定起点、终点和所要经过的中间点、中间连线,求最短路径。

(5)动态最佳路径分析 实际网络分析中权值是随着权值关系式变化的,而且可能会临时出现一些障碍点,所以往往需要动态地计算最佳路径。

2.地址匹配

地址匹配实质是对地理位置的查询,它涉及到地址的编码(geocode)。地址匹配与其他网络分析功能结合起来,可以满足实际工作中非常复杂的分析要求。所需输入的数据,包括地址表和含地址范围的街道网络及待查询地址的属性值。

3.资源分配

资源分配网络模型由中心点(分配中心)及其状态属性和网络组成。分配有两种方式,一种是由分配中心向四周输出,另一种是由四周向中心集中。这种分配功能可以解决资源的有效流动和合理分配。其在地理网络中的应用与区位论中的中心地理论类似。在资源分配模型中,研究区可以是机能区,根据网络流的阻力等来研究中心的吸引区,为网络中的每一连接寻找最近的中心,以实现最佳的服务。还可以用来指定可能的区域。

资源分配模型可用来计算中心地的等时区、等交通距离区、等费用距离区等。可用来进行城镇中心、商业中心或港口等地的吸引范围分析,以用来寻找区域中最近的商业中心,进行各种区划和港口腹地的模拟等。

第六节 空间统计分析

GIS 得以广泛应用的重要技术支撑之一就是空间统计与分析。例如,在区域环境质量现状评价工作中,可将地理信息与大气、土壤、水、噪声等环境要素的监测数据结合在一起,利用 GIS 软件的空间分析模块,对整个区域的环境质量现状进行客观、全面的评价,以反映出区域中受污染的程度以及空间分布的情况。通过叠加分析,可以提取该区域内大气污染分布图、噪声分布图;通过缓冲区分析,可显示污染源影响范围等。可以预见,在构建和谐社会的过程中,GIS 和空间分析技术必将发挥越来越广泛和深刻的作用。

1.空间分析主要内容

(1)空间位置 借助于空间坐标系传递空间对象的定位信息,是空间对象表述的研究基础,即投影与转换理论。

(2)空间分布 同类空间对象的群体定位信息,包括分布、趋势、对比等内容。

(3)空间形态 空间对象的几何形态。

(4)空间距离 空间物体的接近程度。

(5)空间关系 空间对象的相关关系,包括拓扑、方位、相似、相关等。

常用的空间统计分析方法有：常规统计分析、空间自相关分析、回归分析、趋势分析及专家打分模型等。

2. 空间统计分析

(1)常规统计分析　主要完成对数据集合的均值、总和、方差、频数、峰度系数等参数的统计分析。

(2)空间自相关分析　是认识空间分布特征、选择适宜的空间尺度来完成空间分析的最常用的方法。目前，普遍使用空间自相关系数——Moran I 指数，其计算公式如下：

$$I = \frac{N}{\sum\limits_{i=1}^{n}\sum\limits_{j}^{n}W_{ij}} \times \frac{\sum\limits_{i=1}^{n}\sum\limits_{j=1}^{h}W_{ij}(x_i - \overline{x})(x_j - \overline{x})}{\sum\limits_{i=1}^{n}(x_i - \overline{x})^2}$$

式中 N 表示空间实体数目；x_i 表示空间实体的属性值；$\overline{x}$ 是 x_i 的平均值；$W_{ij}=1$ 表示空间实体 i 与 j 相邻，$W_{ij}=0$ 表示空间实体 i 与 j 不相邻；I 的值介于 1 与 I 之间，$I>0$ 表示空间自正相关，空间实体呈聚合分布，$I<0$ 表示空间自负相关，空间实体呈离散分布，$I=0$ 则表示空间实体是随机分布的。W_{ij} 表示实体 i 与 j 的空间关系，它通过拓扑关系获得。

(3)回归分析　用于分析两组或多组变量之间的相关关系，常见回归分析方程有：线性回归、指数回归、对数回归、多元回归等。

(4)趋势分析　通过数学模型模拟地理特征的空间分布与时间过程，把地理要素时空分布的实测数据点之间的不足部分内插或预测出来。

(5)专家打分模型　将相关的影响因素按其相对重要性排队，给出各因素所占的权重值；对每一要素内部进行进一步分析，按其内部的分类进行排队，按各类影响因素对结果的影响给分，从而得到该要素内各类别对结果的影响量，最后系统进行复合，得出排序结果，以表示对结果影响的优劣程度，作为决策的依据。

专家打分模型可先打分，用户首先在每个 feature 的属性表里增加一个数据项，填入专家赋给的相应的分值；然后进行复合，调用加权符合程序，根据用户对各个 feature 给定的权重值进行叠加，得到最后的结果。专家打分模型数学表达式为：

$$G_p = W_i C_{ip}$$

式中 G_p 表示 p 点的最终复合结果值；W_i 表示第 i 个要素的权重；C_{ip} 表示第 i 个要素在 p 点的类别的专家打分分值。

第六章　数字高程模型

第一节　数字高程模型概述

一、数字高程模型概念

1.数字地面模型

数字地面模型(Digital Terrain Model,DTM)是描述地面特性的空间分布的有序数值阵列。在一般情况下,地面特性是高程 Z,它的空间分布由 X,Y 水平坐标系统来描述;也可用经度 X、纬度 Y 来描述海拔的分布。

DTM 是每三个坐标值为一组元的散点结构,也可以是由多项式或傅里叶级数确定的曲面方程。数字地面模型是在空间数据库中存储并管理的空间地形数据集合的统称。它是带有空间位置特征和地形属性特征的数字描述;它是建立不同层次的资源与环境信息系统不可缺少的组成部分。在信息系统分析和评价空间信息并以此为依据进行规划和决策时,十分注重地表属性的三维特征,诸如高度、坡度、坡向等重要的地貌要素,并使这些要素成为地学分析和生产应用中的基础数据,它们可以广泛地应用在多种领域,如农、林、牧、水利、交通、军事领域等,具体地说像公路、铁路、输电线的选线、水利工程的选址、军事制高点的地形选择、土壤侵蚀、土地类型的分析等;也可应用于测绘、制图、遥感等领域。由于 DTM 如此重要,DTM 的生成已成为 GIS 的研究课题之一。

2.数字高程模型

DTM 中属性为高程的要素叫数字高程模型(Digital Elevation Model,DEM)。DEM 是 DTM 的一种,它是一定范围内规则格网点的平面坐标 (X,Y) 及其高程 (Z) 的数据集,它主要是描述区域地貌形态的空间分布,是通过等高线或相似立体模型进行数据采集(包括采样和量测),然后进行数据内插而形成的。

高程是地理空间的第三维坐标,在目前 GIS 中,数据结构只具有二维的意义,数字高程模型的建立是一个必要的补充,DEM 是地表单元上的高程集合,通常用矩阵表示。其最主要的一些用途是在国家数据库中存储数字地形图的高程数据,以及上面提到的规划线路、坝址选择、不同地面的比较统计分析、计算坡度、坡向图及为军事目的的地表景观设计与规划等显示地形的三维图形,还可以表示通过时间和费用、人口、直观风景标志、污染状况、地下水水位等。

从数学的角度,高程模型是高程 Z 关于平面坐标 X,Y 两个自变量的连续函数,DEM 只是它的一个有限的离散表示。高程模型最常见的表达是相对于海平面的海拔高度,或某个参考平面的相对高度,所以高程模型又叫地形模型。实际上地形模型不仅包含高程属性,还包含其他的地表形态属性,如坡度、坡向等。

数字地形模型是地形表面形态属性信息的数字表达,是带有空间位置特征和地形属性特征的数字描述。数字地形模型中地形属性为高程时称为数字高程模型。由于传统的地理信息系统的数据结构都是二维的,因此数字高程模型的建立是一个必要的补充。DEM 通常用地表规则网格单元构成的高程矩阵表示,广义的 DEM 还包括等高线、三角网等所有表达地面高程的数字表示。在地理信息系统中,DEM 是建立 DTM 的基础数据,其他的地形要素可由 DEM 直接或间接导出,称为"派生数据",如坡度、坡向。也可与 DOM(文档对象模型)或其他专题数据叠加,用于与地形相关的分析应用,同时它本身还是制作 DOM 的基础数据。

如果将 DEM 的多层面储存于空间与属性数据库中,所占存储空间相当可观。以黄土高原重点产沙区为例,为表述该地区地貌细部,若用网格点采样读取高程,每平方千米至少 400 点,也就是说网格点地面距离不应该大于 50 m。以这样一个标准,计算山西省柳林县(约 1283 km^2 面积)DEM 存储量,选取网格大小为 50 m×50 m,得到网格文件大小为 1080×836,即 902 880 网格点,如果一个点需两个字节,共约 1.8 兆字节的存储量,这只是 DEM 的一个层面。将高程数据派生出其他地形要素,假设生成另外 4 个层面,同原 DEM 一起,就需要约 9 兆字节。若存储 10 个县的数据将需 90 兆字节,可见占用的磁盘空间太多。因此进入数据库的数据需要筛选,原则上只存储基础数据,不存储派生数据。在需要的时候,可通过计算得到派生数据。对于 DTM,只输入和存储数字高程模型 DEM,保证其精度符合要求,其他派生要素的精度就可以得到保证。

二、数字高程模型数据采集方法

1.地面测量

这是利用自动记录的测距经纬仪(常用电子速测经纬仪或全站经纬仪)在野外实测。这种速测经纬仪一般都有微处理器,可以自动记录和显示有关数据,还能进行多种测站上的计算工作。其记录的数据可以通过串行通信输入计算机中进行处理。

2.现有地图数字化

这是利用数字化仪对已有地图上的信息(如等高线)进行数字化的方法。目前常用的数字化仪有手扶跟踪数字化仪和扫描数字化仪。

3.空间传感器

这是利用全球定位系统 GPS,结合雷达和激光测高仪等进行数据采集。

4.数字摄影测量方法

这是 DEM 数据采集最常用的方法之一。利用附有的自动记录装置(接口)的立体测图仪或立体坐标仪、解析测图仪及数字摄影测量系统,进行人工、半自动或全自动的量测来获取数据。

三、数字摄影测量获取数字高程模型

数字摄影测量方法是空间数据采集最有效的手段,它具有效率高、劳动强度低的优点。数据采样可以全部由人工操作,通常费时且易于出错;半自动采样可以辅助操作人员进行采样,以加快速度和改善精度,通常是由人工控制高程 Z,由机器自动控制平面坐标 X,Y 的驱动;全自动方法利用计算机视觉代替人眼的立体观测,速度虽然快,但精度较差。

人工或半自动方式的数据采集,数据的记录可分为"点模式"或"流模式",前者根据控制信号记录静态量测数据,后者是按一定规律连续地记录动态的量测数据。

摄影测量方法用于生产 DEM,数据点的采样方法根据产品的要求不同而异。沿等高线、断面线、地性线进行采样往往是有目的的采样。而许多产品要求高程矩阵形式,所以基于规则格网或不规则格网点的面采样是必须的,这种方式与其他空间属性的采样方式一样,只是采样密度高一些。

1.沿等高线采样

在地形复杂及陡峭地区,可采用沿等高线跟踪方式进行数据采集,而在平坦地区,则不宜采用沿等高线采样。沿等高线采样时可按等距离间隔记录数据或按等时间间隔记录数据方式进行。采用后一种方式,由于在等高线曲率大的地方跟踪速度较慢,因而采集的点较密集,而在等高线较平直的地方跟踪速度快,采集的点较稀疏,故只要选择恰当的时间间隔,所记录的数据就能很好地描述地形,又不会有太多的数据。

2.规则格网采样

利用解析测图仪在立体模型中按规则矩形格网进行采样,直接构成规则格网DEM。当系统驱动测标到格网点时,会按预先选定的参数停留一短暂时间(如

0.2 s),供作业人员精确测量。该方法的优点是方法简单、精度高、作业效率也较高;缺点是对地表变化的尺度的灵活性较差,可能会丢失特征点。

3. 渐进采样

渐进采样方法的目的是使采样点分布合理,即平坦地区样点少,地形复杂区的样点较多。渐进采样首先按预定比较稀疏的间隔进行采样,获得一个较稀疏的格网,然后分析是否需要对格网进行加密。判断加密的方法可利用高程的二阶差分是否超过了给定的阈值,或利用相邻的三点拟合一条二次曲线,计算两点间中点的二次内插值与线性内插值之差,判断是否超过阈值。当超过阈值时,则对格网加密采样,然后对较密的格网进行同样的判断处理,直至不再超限或达到预先给定的加密次数(或最小格网间隔),然后再对其他格网进行同样的处理。

4. 选择采样

为了准确地反映地形,可根据地形特征进行选择采样,例如沿山脊线、山谷线、断裂线进行采集以及离散碎部点(如山顶)的采集。这种方法获取的数据尤其适合于不规则三角网 DEM 的建立。

5. 混合采样

为了同步考虑采样的效率与合理性,可将规则采样(包括渐进采样)与选择采样结合进行混合采样,即在规则采样的基础上再进行沿特征线、点采样。为了区别一般的数据点和特征点,应当给不同的点以不同的特征码,以便处理时可按不同的方式进行。利用混合采样可建立附加地形特征的规则格网 DEM,也可建立附加特征的不规则三角网 DEM。

6. 自动化 DEM 数据采集

上述方法均是基于解析测图仪或机助制图系统利用半自动的方法进行 DEM 数据采集,现在已经可以利用自动化测图系统进行完全自动化的 DEM 数据采集。此时可按相片上的规则格网利用数字影像匹配进行数据采集。

最后,数字摄影测量获取的 DEM 数据点都要按一定插值方法转成规则格网 DEM 或规则三角网 DEM 格式数据。

四、数字高程模型数据质量控制

数据采集是 DEM 的关键问题,研究结果表明,任何一种 DEM 内插方法,均不能弥补取样不当所造成的信息损失。数据点太稀,会降低 DEM 的精度;数据点过密,又会增大数据量、处理的工作量和不必要的存储量。这需要在 DEM 数据采集之前,按照所需的精度要求确定合理的取样密度,或者在 DEM 数据采集过程中根据地形复杂程度动态调整采样点密度。

　　由于很多 DEM 数据来源于地形图,所以 DEM 的精度决不会高于原始的地形图。例如美国地质调查所(USGS)用数字化的等高线图,通过线性插值生产的最精确的 DEM 的最大均方误差(RMSE)为等高线间距的一半,最大误差不大于两个等高线间距。通常用某种数学拟合曲面生产的 DEM,往往存在未知的精度问题,即使是正式出版的地形图同样存在某种误差,所以在生产和使用 DEM 时应该注意到它的误差类型。DEM 的数据质量可以参考 USGS 的分级标准,共分为三级:第一级,最大绝对垂直误差 50 m、最大相对垂直误差 21 m,绝大多数 7.5 分幅产品属于第一级;第二级 DEM 数据对误差进行了平滑和修改处理,数字化等高线插值生产的 DEM 属于第二级,最大误差为两个等间距,最大均方误差为半个等间距;第三级 DEM 数据最大误差为一个等间距,最大均方误差为三分之一个等间距。

第二节　数字高程模型的表示方法

　　某地区地表高程的变化可用多种方法模拟,数学定义的表面或点线影像都可用来表示 DEM(图 6-1)。

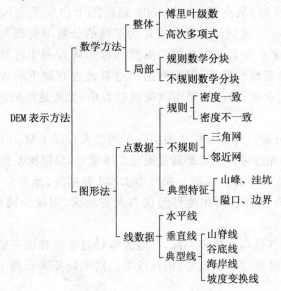

图 6-1　DEM 表示方法

一、数学分块法

　　数学方法拟合表面时需依靠连续的三维函数,连续的三维函数能以高平滑度表示复杂表面。局部拟合法是将复杂表面分成正方形像元,或面积大致相同的不规则形状小块,根据有限个离散点的高程,可得到拟合的 DEM。尽管在小块的边缘坡度不一定都是连续变化的,还是应使用加权函数来保证小块连接处的匹配,最近分段模拟已用于地下水、土壤特征或其他环境数据的表面内插。

二、图形法

1. 线模式

表示地形的最普通线模式是一系列描述高程曲线的等高线。由于现有的地图大多数都绘有等高线,这些地图便是数字地面模型的现成数据源,用扫描仪在这些图上自动获取 DEM 数据方面已做了许多工作。另外是根据各局部等值线上的高程点,通过插值公式计算各点的高程,得到 DEM。

2. 点模式

(1)人工网格法 将地形图蒙上格网,逐格读取中心或角点的高程值,构成数字高程模型。由于计算机中矩阵的处理比较方便,特别是以网格为基础的地理信息系统中高程矩阵已成为 DEM 最通用的形式,英国和美国都用较粗略的矩阵(美国用 63.5m 像元格网)从全国 1:250000 地形图上产生了全国的高程矩阵。以 1:50000 或 1:25000 比例尺地图和航片为基础的分辨率更高的高程矩阵正在英国、美国和其他国家扩大其使用范围。虽然高程矩阵有利于计算等高线、坡度、坡向、山地阴影,描绘流域轮廓等,但规则的网格系统也有如下缺点,即:①地形简单的地区存在大量冗余数据;②如果不改变网格大小,无法适用地形复杂程度不同的地区。

(2)立体像对分析 先进采样法的实际应用很大程度上解决了采样过程中产生的冗余数据问题。先进采样法就是通过遥感立体像对,根据视差模型,自动选配左右影像的同名点,建立数字高程模型。在产生 DEM 数据时,地形变化复杂的地区,增加网格数量(提高分辨率),而在地形起伏不大的地区,则减少网格数量(降低分辨率)。

高程矩阵也和其他属性矩阵一样,可能因栅格过于粗糙而不能精确表示地形的关键特征,如山峰、洼坑、隘口、山脊、山谷线等。这些特征表示得不正确时会给地貌分析带来一些问题。

(3)不规则三角网方法 不规则的离散采样点可以按两种方法产生高程矩阵:①将规则格网覆盖在这些数据点的分布图上,然后用内插技术产生高程阵。当然内插技术也可用来从一个粗糙的高程矩阵产生更精确的高程矩阵。②把离散采样点作为点模式中不规则三角网系统的基础。不规则三角网(triangulated irregular net-work,TIN)是产生 DEM 数据而设计的采样系统。该 DEM 系统克服了高程矩阵中冗余数据的问题,而且能更加有效地用于各类以 DEM 为基础的计算。

不规则三角网数字高程由连续的三角面组成,三角面的形状和大小取决于不规则分布的观测点,或称节点的密度和位置。不规则三角网与高程矩阵不同之处是能随地形起伏变化的复杂性而改变采样点的密度和决定采样点的位置,因而能够克服地形起伏变化不大的地区产生冗余数据的问题,同时还能按地形特征点如山脊、山谷线、地形变化线和其他能按精度要求进行数字化的重要地形特征,获得 DEM 数据。

实际上 TIN 模型是在概念上类似于多边形网格的矢量拓扑结构,只是 TIN 模型没有必要去规定"岛屿"和"洞"的拓扑关系。TIN 把节点看成数据库中的基本实体,拓扑关系的描述,则在数据库中建立指针系统来表示每个节点到邻近节点的关系,节点和三角形的邻里关系列表是从每个节点的北方向开始按顺时针方向分类排列的。TIN 模型区域以外的部分由"拓扑反向"的虚节点表示,虚节点说明该节点为 TIN 的边界节点,使边界节点的处理更为简单。

TIN 网格数据由节点列表、指针列表和三角形列表三部分组成。由于节点列表和指针列表包含了各种必要的信息和连接关系,因而能够满足多用途要求。对于坡度制图、山体阴影或与三角形有关的其他属性的分析等,都必须直接以三角形为基础。用三角形列表将每条有方向性的边与三角形联系起来就能完成上述分析。

TIN 结构可以用来产生坡度图、晕渲图、等高线图、三维立体图。虽然从图上仍能看出三角形的痕迹,但已满足一定精度要求,至少表明了由 TIN 产生这些地图的可能性。另外还可以把属性数据与三角面连接起来,连接方法是把专题属性数据的拓扑多边形与 TIN 网叠置,使每个三角面都包含相应的属性编码值。

第三节　数字高程模型的主要表示模型

一、规则网格模型

规则网格,通常是正方形,也可以是矩形、三角形等规则网格。规则网格将区域空间切分为规则的网格单元,每个网格单元对应一个数值(图 6-2)。数学上可以表示为一个矩阵,在计算机实现中则是一个二维数组。每个网格单元或数组的一个元素,对应一个高程值。

对于每个网格的数值有两种不同的解释。第一种是网格栅格观点,认为该网格单元的数值是其中所有点的高程值,即网格单元对应的地面面积内高程是均一的高度,这种数字高程模型是一个不连续的函数。第二种是点栅格观点,认为该网格单元的数值是网格中心点的高程或该网格单元的平均高程值,这样就需要用一种插值方法来计算每个点的高程。计算任何不是网格中心的数据点的高程值,使用周围 4 个中心点的高程值,采用距离加权平均方法进行计算,当然也可使用样条函数和克里金插值方法。

91	78	63	50	53	63	44	55	43	25
94	81	64	51	57	62	50	60	50	35
100	84	66	55	64	66	54	65	57	42
103	84	66	56	72	71	58	74	65	47
96	82	66	63	80	78	60	84	72	49
91	79	66	66	80	80	62	86	77	56
86	78	68	69	74	75	70	93	82	57
80	75	73	72	68	75	86	100	81	56
74	67	69	74	62	66	83	88	75	53
70	56	62	74	57	58	71	74	63	45

图 6-2　格网 DEM

规则网格的高程矩阵,可以很容易地用计算机进行处理,特别是栅格数据结构的地理信息系统。它还可以很容易地计算等高线、坡度、坡向、山坡阴影和自动提取流域地形,使得它成为 DEM 最广泛使用的格式,目前许多国家提供的 DEM 数据都是以规则网格的数据矩阵形式提供的。网格 DEM 的缺点是不能准确地表示地形的结构和细部,为避免这些问题,可采用附加地形特征数据,如地形特征点、山脊线、谷底线、断裂线,以描述地形结构。

网格 DEM 的另一个缺点是数据量过大,给数据管理带来了不方便,通常要进行压缩存储。DEM 数据的无损压缩可以采用普通的栅格数据压缩方式,如游程编码、块码等,但是由于 DEM 数据反映了地形的连续起伏变化,通常比较"破碎",普通压缩方式难以达到很好的效果,因此对于网格 DEM 数据,可以采用哈夫曼编码进行无损压缩。有时在牺牲细节信息的前提下,可以对网格 DEM 进行有损压缩,通常的有损压缩大都是基于离散余弦变换或小波变换的,由于小波变换具有较好的保持细节的特性,近年来将小波变换应用于 DEM 数据处理的研究较多。

二、等高线模型

等高线模型表示高程,高程值的集合是已知的,每一条等高线对应一个已知的高程值,这样一系列等高线集合和它们的高程值一起就构成了一种地面高程模型。如

图6-3所示。

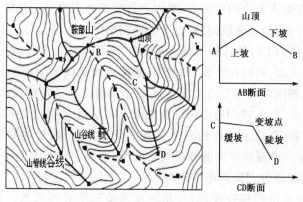

图6-3 等高线

等高线通常被存成一个有序的坐标点对序列,可以认为是一条带有高程值属性的简单多边形或多边形弧段。由于等高线模型只表达了区域的部分高程值,往往需要一种插值方法来计算落在等高线外的其他点的高程,又因为这些点是落在两条等高线包围的区域内,所以通常只使用外包的两条等高线的高程进行插值。

等高线通常可以用二维的链表来存储。另一种方法是用图来表示等高线的拓扑关系,将等高线之间的区域表示成图的节点,用边表示等高线本身。此方法满足等高线闭合或与边界闭合、等高线互不相交两条拓扑约束。这类图可以改造成一种无圈的自由树。图6-4为一个等高线图和它相应的自由树。其他还有多种基于图论的表示方法。

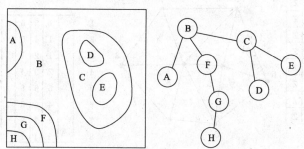

图6-4 等高线和相应的自由树

三、不规则三角网(TIN)模型

尽管规则网格DEM在计算和应用方面有许多优点,但也存在许多难以克服的缺陷:

(1)在地形平坦的地方,存在大量的数据冗余。

(2)在不改变网格大小的情况下,难以表达复杂地形的突变现象。

(3)在某些计算中,如通视问题,过分强调网格的轴方向。

不规则三角网(TIN)是另外一种表示数字高程模型的方法,它既减少规则网格方法带来的数据冗余,同时在计算(如坡度)效率方面又优于纯粹基于等高线的方法。

TIN 模型根据区域有限个点集将区域划分为相连的三角面网络,区域中任意点落在三角面的顶点、边上或三角形内。如果点不在顶点上,该点的高程值通常通过线性插值的方法得到(在边上用边的两个顶点的高程,在三角形内则用三个顶点的高程),所以 TIN 是一个三维空间的分段线性模型,在整个区域内连续但不可微分。

TIN 的数据存储方式比网格 DEM 复杂,它不仅要存储每个点的高程,还要存储其平面坐标、节点连接的拓扑关系,三角形及邻接三角形等关系。TIN 模型在概念上类似于多边形网络的矢量拓扑结构,只是 TIN 模型不需要定义“岛”和“洞”的拓扑关系。有许多种表达 TIN 拓扑结构的存储方式,一个简单的记录方式是:对于每一个三角形、边和节点都对应一个记录,三角形的记录包括三个指向它三个边的记录的指针;边的记录有四个指针字段,包括两个指向相邻三角形记录的指针和它的两个顶点的记录的指针;也可以直接对每个三角形记录其顶点和相邻三角形(图 6-5)。每个节点包括三个坐标值的字段,分别存储 X,Y,Z 坐标。这种拓扑网络结构的特点是对于给定一个三角形查询其三个顶点高程和相邻三角形所用的时间是定长的,在沿直线计算地形剖面线时具有较高的效率。当然可以在此结构的基础上增加其他变化,以提高某些特殊运算的效率,例如在顶点的记录里增加指向其关联的边的指针。

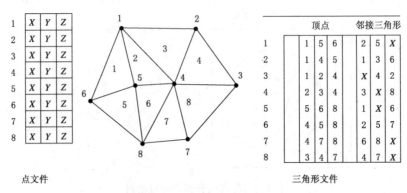

图 6-5　三角网的一种存储方式

TIN 数字高程由连续的三角面组成,三角面的形状和大小取决于不规则分布的测点或节点的位置和密度。TIN 与高程矩阵方法不同之处是随地形起伏变化的复杂性而改变采样点的密度和决定采样点的位置,因而它能够避免地形平坦时的数据冗余,又能按地形特征点如山脊、山谷线、地形变化线等表示数字高程特征。

四、层次模型

层次地形模型(layer of details,LOD)是一种表达多种不同精度水平的数字高程模型。大多数层次模型是基于 TIN 模型的,通常 TIN 的数据点越多,精度越高,数据点越少,精度越低。但数据点多则要求更多的计算资源,所以如果在精度满足要求的情况下,最好使用尽可能少的数据点。LOD 允许根据不同的任务要求选择不同精度的地形模型。层次模型的思想很理想,但在实际运用中必须注意几个重要的问题:

(1)层次模型的存储问题　很显然,与直接存储不同,层次的数据必然导致数据冗余。

(2)自动搜索的效率问题　例如搜索一个点可能先在最粗的层次上搜索,再在更细的层次上搜索,直到找到该点。

(3)三角网形状的优化问题　例如可以使用 Delaunay 三角剖分。

(4)模型可能允许根据地形的复杂程度采用不同详细层次的混合模型　例如,对于飞行模拟,近处时必须显示比远处更为详细的地形特征。

(5)在表达地貌特征方面应该一致　例如,如果在某个层次的地形模型上有一个明显的山峰,在更细层次的地形模型上也应该有这个山峰。这些问题目前还没有一个公认的最好的解决方案,仍需进一步深入研究。

第四节　规则矩形网格的生成

一、网格尺寸的确定

一般情况下样点密度基本上决定了网格点密度(图 6-6)。网格点数宜大于或接

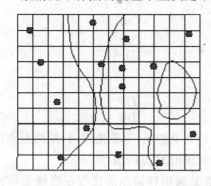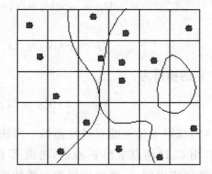

图 6-6　网格尺寸确定

近样点数。在采集优选点的情况下,可考虑

$$n < N < 2n$$

式中 N 为网格点数, n 为采样点数。

二、空间插值方法

原始采样点可以是规则的,也可以是不规则的。由于客观条件的限制,往往不能取得足够的采样点来满足显示的要求,需要进行内插以生成更多的点。插值的方法有很多种,其中最主要的有反距离权插值、双线性插值、趋势面插值、样条插值及克里金(Kriging)插值,现对它们一一介绍。

1. 反距离权插值(IDW)

IDW 方法是利用"距离越远对待插点影响越小"的思想,以距离倒数次方为权进行的插值,其公式如下:

$$f(x,y) = \frac{\sum_{i=1}^{n} 1/d_i^n \cdot Z_i}{\sum_{i=1}^{n} 1/d_i^n}, \qquad n = 1 \text{ 或 } 2$$

式中 d_i 是待插点到已知点的距离, $f(x,y)$ 为要求的待插点的值。

2. 双线性插值

(1)不规则采样点的插值 先将不规则采样点集连接成 TIN,然后再求落在各个三角形内的网格点高程值(包含落在三角形边上的点)。如图 6-7 所示,待求点落在△ABC 内,先用线性插值的方法,求 D、E 两点的值。设 A,B,C,D,E,P 处的值分别为 VA,VB,VC,VD,VE,其中 VA,VB,VC 为已知,在 DEM 中实质上为高程值,则 D,E 两点处的插值为

$$V_D = u \cdot V_A + (1-u) \cdot V_B, u = \frac{|AD|}{|AB|}$$

$$V_E = v \cdot V_A + (1-v) \cdot V_C, v = \frac{|AE|}{|AC|}$$

则 P 点的插值为:

$$V_P = t \cdot V_D + (1-t) \cdot V_E, t = \frac{|DP|}{|DE|}$$

(2)规则采样点的双线性插值 方法与(1)完全相同,也是先用 A,B 两点求出 E 点值,用 C,D 两点求出 F 点值,再由 E 和 F 点求出 P 点的值(图 6-8)。

值得指出的是,线性插值和双线性插值都是假定特插点的高程在直线上呈比例变化。另外,不管是不规则采样点还是规则采样点,都可用双线性方式内插函数来求

出。此时常取最靠近 P 点的 4 个点来插值。

$$Z_P = (a \cdot x + b)(c \cdot x + d)$$

式中 a,b,c,d 为待定系数，Z_P 为要求的待插点的值。

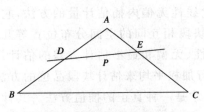

图 6-7　不规则采样点的插值

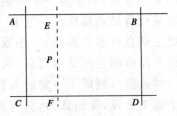

图 6-8　规则采样点的插值

3. 趋势面插值（trend surface interpolation）

趋势面插值是利用一个通过各空间采样点的空间曲面来模拟地形表面，常取二次多项式来拟合。

$$Z_p = a \cdot x^2 + b \cdot xy + c \cdot y^2 + d \cdot x + e \cdot y + f$$

式中 a,b,c,d,e,f 为待定系数，一般用最近 6 个点来计算多项式的系数，若取用的点数多于 6 个则要采用测量平差的方法来拟合。

4. 样条插值（spline）

"样条"的原意是绘图时用的弹性曲尺，在传统手工过程中，常用它绘制一条光滑的曲线。样条插值又分为两种，一种是距离函数样条法，一种称为分片 Hermit 样条法。这里只介绍距离函数的采样方法：

$$F(p) = \sum_{i=1}^{n} c_i \mid p - p_i \mid^3 + a + b \cdot x + c \cdot y$$

式中 p 为待求点，p_i 为已知高程值点，其对应的值为 $F_i(i=1,2,\cdots,n)$，各系数 c_i $(i=1,2,\cdots,n)$，a,b,c 由下式确定：

$$\begin{bmatrix} \cdots & \cdots & \cdots & 1 & p_1 \\ \cdots & \mid p-p_i \mid^3 & \cdots & 1 & p_2 \\ \cdots & \cdots & \cdots & \vdots & \vdots \\ \vdots & & & 1 & p_n \\ 1 & 1 & \cdots & 1 & 0 & 0 \\ p_1^t & p_2^t & \cdots & p_n^t & 0 & 0 \end{bmatrix} \cdot \begin{bmatrix} c_1 \\ c_2 \\ \vdots \\ c_n \\ a \\ b \\ c \end{bmatrix} = \begin{bmatrix} F_1 \\ F_2 \\ \vdots \\ F_n \\ 0 \\ 0 \\ 0 \end{bmatrix}$$

式中 t 为一常数。

5. 克里金(Kriging)插值

克里金插值的思想与上述方法都不同,它首先考虑的是空间属性在空间位置上的变异分布,确定对一个待插点值有影响的距离范围,然后用此范围内的采样点来估计待插点属性值。它是一种求最优线性无偏内插估计量的方法,它是在考虑了信息样品的形状、大小及其与待估块段相互间的空间分布位置等几何特征以及品位的空间结构之后,为了达到线性、无偏和最小估计方差的估计,而对每一样品值分别赋予一定的系数,最后进行加权平均来估计块段品位的方法。从这个意义上说,我们认为,只有克里金方法才是一种真正的插值方法。其计算步骤如下:

(1)输入原始数据(采样点)。

(2)数据检验与分析。不同的应用领域有不同的检查方法,原则是看采样值是否合乎实际情况,删去明显相差点。

(3)直方图的计算。直方图有助于人们掌握区域化变量的分布规律,以便决定是否对原始数据进行预处理。

(4)计算变异函数,了解变量的空间结构。常用的理论模型有:

$$\gamma(h) = \begin{cases} 0 & h = 0 \\ C_0 + C\left(\dfrac{3}{2} \cdot \dfrac{h}{a} - \dfrac{1}{2} \cdot \dfrac{h^3}{a^3}\right) & 0 < h < a \\ C_0 + C & h > a \end{cases}$$

式中 $\gamma(h)$ 为半变异函数;h 为两样本间的距离;C 为基台值;C_0 为纯块金效应;a 为变程(即影响距离的范围)。

计算此模型时,先作出以两个任意采样点对之间的距离为横轴,以它们的样本值差的平方为纵轴的散点图,然后用最小二乘加权拟合的方法求出拟合变异函数。

(5)克里金插值估计。在内蕴假设下有:

$$\begin{cases} \sum\limits_{\beta=1}^{n} \lambda_\beta \cdot \overline{\gamma}(V_\alpha, V_\beta) + u = \overline{\gamma}(V_\alpha, V) \\ \sum\limits_{\beta=1}^{n} \lambda_\beta = 1 \end{cases}$$

求出各权系数 $r_i(i = 1, 2, \cdots, n)$ 代入估计式 $Z_k = \sum\limits_{i=1}^{n} \lambda_i \cdot Z_i$ 中即可求得评估领域内 n 个采样值的线性组合。

当然,在各种插值方法的具体实现过程中,参数的选择或调整要随地形的不同而变化。每一种插值方法都有自己特别适合的地形,目前还没有找到一种在任何情况下运用效果都非常好的方法,实际上这也是不可能的。经研究测试认为,数值等高线内插所产生的 DEM,其品质随内插法、等高线的质量、地形特性(如坡度大小)等因素的变化而有所不同。由 spline(样条)和 trend(趋势面)方法产生的 DEM 几乎无法真实地反映地形起伏的特性;IDW 方法的结果显示误差分布和地形坡度大小没有特别显著的关系,在地性线地区无法显示出这些转折的地形;相对来说克里金插值则能较好地反映这些地形变化,但克里金方法的计算量很大,因此在对大面积区域大数据量内插时,这是一个不能不考虑的因素。

一般说来,内插结果应该尽量满足如下三项要求:

(1)保凸(形)性要求 以曲线为例描述,如果模拟曲线与实际曲线有相等数目的拐点,而且对应拐点的位置接近,则认为模拟曲线的保凸性良好。反之,若两者拐点数目不相等,或虽然相等但对应位置相差太远,则认为保凸性差。

(2)逼真性要求 因为拟合面不可能完全符合实际曲面,逼真只能是在一定的容许误差内的"逼真",设容许误差为 $h_容$,如果拟合面 F 拟(x,y) 与实际曲面 $f(x,y)$ 之间满足如下条件则认为拟合面达到逼真性要求:

$$\max \mid F_拟(x,y) - f(x,y) \mid \leqslant h_容$$

(3)光滑性要求 对曲线来说,光滑性是指曲线上曲率的连续性,函数二次可导是曲率连续的先决条件。

第五节 不规则三角网的生成方法

一、一般三角网的生成方法

首先取其中任一点 P_1,在其余各点中寻找与此点距离最近的点 P_2,连接 P_1P_2 构成第一边,然后在其余所有点中寻找与这条边最近的点,找到后即构成第一个三角形,再以这个三角形新生成的两边为底边分别寻找距它们最近的点构成第二个、第三个三角形,以此类推,直到把所有的点全部连入三角网中(图 6-9)。其中有如下几点值得注意:

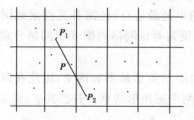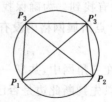

图 6-9 TIN 的生成

(1)以第一边为底边搜索第 3 个顶点时,应该在向量 P_1P_2 的左右两边都搜索。

当在 P_1P_2 左边搜索时,对于位于其右边的点一律不考虑,设在左边找到的最近点为 P_3,则第一个三角形为 $\triangle P_1P_2P_3$。为使后面搜索时统一在左边搜索,我们规定三角形的顶点序号全部按逆时针顺序排列。

当在向量 P_1P_2 右边收缩时,对于位于其左边的点一律不考虑,设在右边找到的最近点为 P_4,则第二个三角形为 $\triangle P_1P_2P_4$。为使该三角形顶点序号按逆时针顺序排列,需颠倒 P_2 与 P_4 点在顶点数组中的序号,即为:

$$V\,tx[0] = P_1$$
$$V\,tx[1] = P_4$$
$$V\,tx[2] = P_2$$

上面讲述的是以第一边为底边扩展新三角形的情况,可在左、右两边扩展,得到 1～2 个新三角形。接下来以新三角形的两个新边为底边扩展时,若令 $t_1 = Vtx[0]$,$t_2 = Vtx[1]$,$t_3 = Vtx[2]$,则总是在向量 t_1t_3、t_3t_2 的左边搜索第三个顶点。

(2)搜索时所依据的点与边"距离最近原则"是指第三点到此边中点距离为最短,也可指第三点与边所构成以此点为顶点的角度为最大,或称"角度最大原则"。

(3)在搜索时,若对所给点集中的每个点都采用距离比较方法,则会使搜索效率很低。对于小数据量,效果不明显;而对于大数据量则会显得非常耗时。为加快搜索速度,我们可以先在待扩展底边所在区域附近搜索,若找到最近的点则停止搜索;若找不到,则向外扩大搜索区域直到找到最近的点或到边界为止。具体方法是:在最初调入原始数据时,先计算出原始点中 x,y 的最大、最小值:$X_{min}, Y_{min}, X_{max}, Y_{max}$,则所有点均落入 (X_{min}, Y_{min})、(X_{min}, Y_{max})、(X_{max}, Y_{min})、(X_{max}, Y_{max}) 4 点构成的矩形区域中,然后将此矩形区域划分成适当数量的正方形格网。接下来计算各点落入的网格,最后统计每一网格存储有哪些点,记录下来。当搜索第三点时,我们首先确定底边之中点 P 所在网格,搜索此网格内所有点,直到找到一个距 P 最近的点或是直到矩形区域边界却没有找到。为确保找到的点是最近点,还需补充搜索此网格周围的 8 个网格。若在 P 点所属网格内没有点,则需对该网格周围 8 个网格分别作与上面情况同样的处理。

(4)由于在三角网中,共享一条边的三角形最多有两个,因此在以一边为底边进行扩展时,可以先判断此边是否已被两个三角形共享。若已共享,则不需对该边进行扩展,否则需要以它为底边进行扩展。

(5)在搜索最近点过程中,若存在 4 点共圆的情况,则需对生成的新三角形进行是否与已存在的三角形交叉或同一的判断。若交叉或同一,则生成的三角形无效,不予记录。值得指出的是,与已存在的三角形比较判断时,并不需要与前面已生成的所有三角形都进行比较,而只需要将以边的端点为顶点的相关三角形比较即可,这样可以大大提高处理速度。相关三角形的另一个用处是保留了点的拓扑信息(如与该点相连的相邻点、相关三角形)。

一般三角网的生成方法,由于它可能存在大量的狭长三角形,不便于后续处理(如地形插值、坡度、坡向计算等),其几何结构并不强,因此这种方法生成的三角网并不是最优三角网。据研究,泰森(Thiessen)三角网具有最强的几何结构,它能保证每个三角形的角度最接近于正三角形,符合"三角剖分最小内角为最大"的图形化准则,因此泰森三角网是一种最优三角网。不管是一般三角网,还是泰森三角网,上面的方法都是仅仅考虑了几何信息,对一般的地形而言,只要采样点分布情况比较好,它们一般都能比较真实地反映地形情况。但在各种特殊的地性线如山脊线、山谷线、断裂线处则不能完全反映出真实情况。因为在地性线处的高程往往产生跳跃式的变化,若有三角形跨越地性线,则三角形会穿越地形表面或悬空于其上。这样的三角形不能反映地形的真实情况,需要剔除这样的三角形或进行调整。

二、泰森多边形的建立

建立泰森多边形(图 6-10)算法的关键是对离散数据点合理地连成三角网,即构建 Delaunay(德络奈)三角网。建立泰森多边形的步骤为:

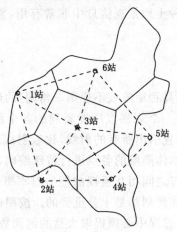

图 6-10 泰森多边形

(1)离散点自动构建三角网,即构建 Delaunay 三角网。对离散点和形成的三角形编号,记录每个三角形是由哪三个离散点构成的。

(2)找出与每个离散点相邻的所有三角形的编号,并记录下来。这只要在已构建的三角网中找出具有一个相同顶点的所有三角形即可。

（3）对与每个离散点相邻的三角形按顺时针或逆时针方向排序，以便下一步连接生成泰森多边形。

（4）计算每个三角形的外接圆圆心，并记录之。

（5）根据每个离散点的相邻三角形，连接这些相邻三角形的外接圆圆心，即得到泰森多边形。对于三角网边缘的泰森多边形，可作垂直平分线与图廓相交，与图廓一起构成泰森多边形。

第六节　数字高程模型的分析和应用

不论数字高程模型是高程矩阵、数组、规则的点数据，还是三角网数据等形式，都可以从中获得多种派生产品。

一、三维方块图、剖面图及地层图

三维方块图是最为人们熟悉的数字地面模型的形式之一。它是以数值的形式表示地表数量变化（不只是高程）的富有吸引力的直观方法。现在已有许多可供三维方块图计算用的标准程序，这些程序是用线条描绘或阴影栅格显示法表示规则或不规则 X,Y,Z 数据组的立体图形。

三维方块图在显示多种土地景观信息中非常有用，它是土地景观设计和森林覆盖模拟的基础。

二、视线图

数字高程模型（无论是高程矩阵或不规则三角网）的建立为这类分析提供了极为方便的基础，能方便地算出一个观察点所能看到的各个部分。在 DEM 中辨认出观察点所在的位置，从这个位置引出所有的射线，比较射线通过的每个点（高程矩阵中即为像元）的高程，将不被物体隐藏的各点进行特殊编码，从而得到一幅简单的地图。

确定土地景观中点与点之间相互通视的能力对军事活动、微波通信网的规划及娱乐场所和旅游点的研究和规划都是十分重要的。按照传统的等高线图来确定通视情况较为困难，因为在分析过程中必须提取大量的剖面数据并加以比较。

由于 DEM 通常是从航空"立体相位对"上直接获取的，高程数据中可能没有包括地面物体的高度（如森林、建筑物等）特征，因此得到的结果需进行仔细检查、判读才能最后确定通视情况。有些分析要求把物体的高度加入 DEM 数据，以便计算它们对通视情况的影响。

三、等高线图

从高程矩阵中很容易得到等高线图(图 6-11)。方法是把高程矩阵中各像元的高程分成适当的高程类别。这类等高线图与传统地形图的等高线不同,它是高程区间或者可以看作某种精度的高度带,而不是单一的线。实际上,两高程类别之间的分界线可视为等高线。这样的等高线对简单的环境制图来说已满足要求,但从制图观点来看还过于粗糙,必须用特殊算法将同高度的点连成线。连接等高线时如果原高程数据点不规则或间隔过大,必须同时使用内插技术,直至达到所需精度。等高线连接的结果用绘图仪输出。

图 6-11 等高线

从不规则三角网 DEM 数据中产生等高线是用水平面与 TIN 相交的方法实现的。TIN 中的山脊、山谷线等数据主要用来引导等高线起始点。形成等高线后还要进行处理,以便消除三角形边界上人为形成的线划。

四、坡度、坡向分析

在使用数字高程模型之前,地貌的描述和比较是用变化范围较大的定性或半定量分析技术,而没有采用定量技术。原因是无论野外测量还是航测都要耗费大量的时间,定量分析难以实现。GIS 技术的发展使高程数据以数字形式产生高程矩阵或 TIN 系统后能用多种标准程序,进行坡度和其他地面特征的制图工作。

根据空间解析几何的原理,基本单位长度为 $\Delta x, \Delta y$,原点坐标为 (x_0, y_0) 的格网模型(图 6-12(a))任一格网交点的标准向量为 $\vec{P}_{ij}$(图 6-12(b)),即:

$$\vec{P}_{ij} = (x_n + (i-1) \cdot \Delta x, y_n + (j-1) \cdot \Delta y, z_{ij})$$

$$(i = 1, 2, \cdots, M)$$
$$(j = 1, 2, \cdots, N) \tag{6-1}$$

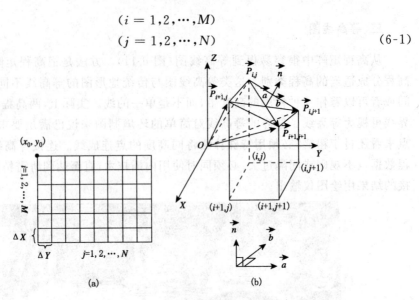

图 6-12　格网模型空间向量分析示意图

对于由 4 个相邻格网点确定的地表基本单元,其基本向量 $\vec{a}$, $\vec{b}$ 的计算公式如下:

$$\vec{a}_{i,j} = \vec{P}_{i+1,j+1} - \vec{P}_{ij} = (\Delta x, \Delta y, z_{i+1,j+1} - z_{i,j})$$
$$\vec{b}_{i,j} = \vec{P}_{i,j+1} - \vec{P}_{i+i,j} = (\Delta x, \Delta y, z_{i,j+1} - z_{i+1,j}) \tag{6-2}$$

通过基本向量 $\vec{a}$, $\vec{b}$ 就可以确定基本单元的空间特性。$\vec{a}$, $\vec{b}$ 向量的向量积就是基本单元的法向量 $\vec{n}_{iy}$。

$$\vec{n}_{i,j} = \vec{a} \times \vec{b} = \begin{vmatrix} \vec{i} & \vec{j} & \vec{k} \\ x_a & y_a & z_a \\ x_b & y_b & z_b \end{vmatrix} = \begin{vmatrix} \vec{i} & \vec{j} & \vec{k} \\ \Delta x & \Delta y & z_{i+1,j+1} - z_{i,j} \\ -\Delta x & \Delta y & z_{i,j+1} - z_{i+1,j} \end{vmatrix}$$

$$= (\Delta y(z_{i,j+1} + z_{i,j} - z_{i+1,j+1} - z_{i+1,j})$$
$$- \Delta x(z_{i,j+1} + z_{i+1,j+1} - z_{i+1,j} - z_{i,j}) 2\Delta x \Delta y)$$
$$(i = 1, 2, \cdots, M)$$
$$(j = 1, 2, \cdots, N) \tag{6-3}$$

利用 $\vec{n}_{i,j}$ 就可以进行地表单元坡度、坡向等的分析和计算。

1. 坡度分析

格网模型中地表基本单元的坡度等于其法向量 $\vec{n}_{i,j}$ 与 z 轴之夹角(图 6-13 中的 $\text{slope}_{i,j}$),而两向量的夹角余弦等于两向量的数量积与模的乘积之商,即:

$$\text{slope}_{i,j} = \arccos\left(\frac{\vec{z} \cdot \vec{n}_{i,j}}{|\vec{z}| \cdot |\vec{n}_{i,j}|}\right)$$

$$= \arccos(2\Delta x\Delta y/((\Delta y(z_{i,j+1}+z_{i,j}-z_{i+1,j+1}-z_{i+1,j}))^2$$

$$+(\Delta x(z_{i,j+1}+z_{i+1,j+1}-z_{i+1,j}-z_{i,j}))^2+4\Delta x^2\Delta y^2)^{\frac{1}{2}}) \qquad (6\text{-}4)$$

根据(6-4)式计算格网模型的坡度的过程较为复杂。一般情况下,如果格网为正方形,那么可以采用下面介绍的简化公式(图 6-14)进行计算。

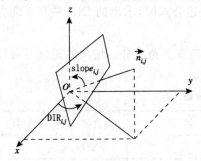 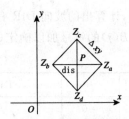

图 6-13 地表基本单元坡度、坡向示意图　　　图 6-14 格网点配置示意图

假设 Z_a,Z_b,Z_c,Z_d 为地表基本单元 4 个格网点的高程数据,Δxy 为格网的基本单位长度,那么 P 点的微分公式为:

$$U=\frac{\partial_Z}{\partial_x}=\frac{Z_a-Z_b}{\text{dis}}=\frac{\sqrt{2}(Z_a-Z_b)}{2\Delta xy}$$

$$V=\frac{\partial_Z}{\partial_y}=\frac{Z_c-Z_d}{\text{dis}}=\frac{\sqrt{2}(Z_C-Z_d)}{2\Delta xy}$$

$$\text{slope}_{i,j}=\arctan\sqrt{U^2+V^2} \qquad (6\text{-}5)$$

对式(6-4)、式(6-5)而言,$0°\leqslant\text{slope}_{i,j}\leqslant90°$。具体应用时,可根据需要对度数进行分级,以形成坡度分析的分级标准。当需要时,也可以把度数转化为百分比。

2.坡向分析

在图 6-13 中,x 轴的方向向南,因此,地表基本单元的坡向即为其法向量 $\vec{n}_{i,j}$ 在 Oxy 平面上的投影 n_j 与 x 轴的夹角(结合图 6-15)。计算公式为:

$$\text{DIR}=\tan^{-1}(\vec{y}_{ni,j}/\vec{x}_{ni,j})$$

$$=\tan^{-1}(A_x\cdot A(j)/A_y\cdot B(j)) \qquad (6\text{-}6)$$

图 6-15 坡向变量示意图

在式(6-6)中,

$$A(j) = Z_{i,j} + Z_{i+1,j} - Z_{i,j+1} - Z_{i+1,j+1}$$
$$B(j) = Z_{i+1,j} + Z_{i+1,j+1} - Z_{i,j} - Z_{i,j+1}$$

按式(6-6)计算出的值是与正南方向的夹角。在实际应用中,如果所建立的DEM 数据是按从南到北获取的,那么在采用上述公式时,求出的 DIR 是与正北方向的夹角。

另外,计算出的坡向 DIR 有与 x 轴正向和负向夹角之分。坡向的正负号可以通过 $A(j)$,$B(j)$ 的符号加以确定(表 6-1)。

表 6-1　坡度分级

A	B	DIR	坡　向	综合坡向	表示法
$=0$	$=0$	/	/	平缓坡	1
$=0$	>0	/	S	阳坡	2
$\neq0$	>0	$|DIR|\leqslant45°$	SW—SE		
<0	$=0$	/	W	半阳坡	3
>0	$=0$	/	E		
$\neq0$	>0	$|DIR|\leqslant45°$	W—SW SE—E		
$\neq0$	<0	$|DIR|\leqslant45°$	W—NW NE—E		
$=0$	<0	/	N	阴坡	4
$\neq0$	<0	$|DIR|\leqslant45°$	NW—NE		

从表 6-1 中可以看出,采用上述方法得到的坡向分级比较详细。在实际应用过程中需要给予综合,得到 4 种坡向(图 6-16):平缓坡、阳坡、半阳坡、阴坡。在图 6-16 中,这 4 种坡向分别用 1、2、3、4 加以表示。

与计算坡度类似,在进行具体的坡向分析时,同样可以采用如式(6-5)所示的简化公式,即计算出 U,V 后,可以按照下列规则直接确定不同的坡向(图 6-16)。

(1)当 $U<0$,在 $\tan^{-1}\left(\dfrac{V}{U}\right)$ 中,

如果 $V=0$,则 $\theta=0°$,DIR 为 E。

如果 $V<0$,则 $0°<\theta<90°$,DIR 为 EN。

如果 $V>0$,则 $-90°<\theta<0°$,DIR 为 ES。

(2)当 $U>0$，在 $\tan^{-1}(\frac{V}{U}+\pi)$ 中，

如果 $V=0$，则 $\theta=180°$，DIR 为 W。

如果 $V<0$，则 $90°<\theta<180°$，DIR 为 WN。

如果 $V>0$，则 $180°<\theta<270°$，DIR 为 WS。

(3)当 $U=0$，在 $\tan^{-1}(\frac{V}{U})$ 中，

如果 $V=0$，则 DIR 为平缓坡。

如果 $V<0$，则 $\theta=90°$，DIR 为 N。

如果 $V>0$，则 $\theta=270°$，DIR 为 S。

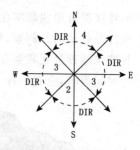

图 6-16　坡向的综合

五、地貌晕渲图及其与专题地图叠置

为了增加丘陵和山地地区描述高差起伏的视觉效果，制图工作者成功地运用了一种"阴影立体法"，即地貌晕渲法。用这种技术绘制的图件看起来很动人，但费用太高，晕渲的质量和精度很大程度上取决于制图工作者的主观意识和技巧。

数字地形图投入生产并加以应用后，地貌晕渲便能自动、精确地实现。自动晕渲的原理是基于"地面在人们眼里是什么样子，用何种理想的材料来制作，以什么方向为光源照明方向"等的考虑。制图输出时如果用灰度级和连续色调技术表示明暗程度，得到的成果看起来与航片十分相似。实际上，从高程矩阵中自动生成的地貌晕渲图与航片有许多不同之处，主要表现在：①晕渲图不包括任何地面覆盖信息，仅仅是数字化的地表起伏显示；②光源一般确定为西北 45°方向，航片的阴影主要随太阳高度角变化；③晕渲图通常都经过了平滑和综合处理，因而没有航片上显示出的丰富的地形细节。

自动地貌晕渲图的计算非常简单，首先是根据 DEM 数据计算坡度和坡向；然后将坡向数据与光源方向比较，面向光源的斜坡得到浅色调灰度值，反方向的得到深色调灰度值，两者之间得到中间灰值。灰值的大小则按坡度进一步确定。

计算晕渲图的主要研究集中于坡面反射率的定量描述，由于计算反射率的公式都较复杂，因此，将坡度和坡向转换成反射量常用建立查找表的方法来解决，使计算和处理更为有效。

晕渲图本身在描述地表三维状况中已经很有价值，而且在地形定量分析中的应用不断扩大。如果把其他专题信息与晕渲图叠置组合在一起，将大幅度提高地图的实用价值。例如，运输线路规划图与晕渲图叠加后大大增强了直观感等，这是传统方法不能实现的。关于完成专题地图与晕渲图叠置的软件包，目前在一些 GIS 中已经实现。

六、从数字高程模型数据自动形成地形轮廓线

高程矩阵没有存储山脊线、山谷线等地形特征线，或者在地形图数字化时，对地

形特征没有单独数字化,在这种情况下,用程序自动地将它们从高程矩阵中提取出来也许是必要的。例如,从叠置到 DEM 的卫星图像上勾绘出集水范围线,使遥感图像与特殊地理景观联系在一起。高程矩阵用于其他数量分析,如费用量、集中范围、旅行时间等时,应有一种方法来描绘线、面特征(图 6-17)。

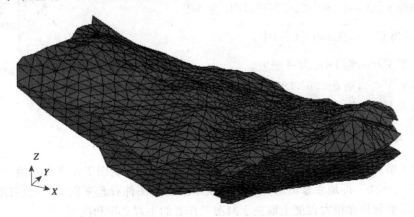

图 6-17   数字地面模型

1.山脊线和谷底线

为了自动探测山脊线和谷底线,设计了专门的运算算子。较为简单的算子是 4 个像元的局部算子。该算子在高程矩阵中移动并比较每一位置处 4 个像元的高程值,同时标出其中高程最大(探测谷底线)或最小(探测山脊线)的像元。标记过程完成后,剩下未标记的像元就是需要的山脊线或山谷线所在的像元。下一步就是把它们连接成线模式,形成山脊线或山谷线。

2.集水范围的确定

集水范围即流域范围的确定对流域分析十分必要。流域控测除确定边界以外,还要将整个范围从整个数据库中分离出来。探测的方法是:首先需交互式地确定河流流域的出口,并作为搜索工作的起点。以 3×3 算子的中心像元置于起始点上比较中心像元相邻近的 8 个像元的坡向,如果坡向朝向中心像元,则认为它是中心像元上游,算子的中心像元移至新的"上游"点,重复比较过程,又能得到新的"上游"点。已有"上游"标志的不予比较,整个数据范围都运算完成后,流域范围就全部标记出来了。用户可以对这些像元重新编码,形成某一流域的分布图。

DEM 数据还有其他用途,如线路勘察设计、土石方量估计等都是比较有效且经济效益高的方法。

第七章　地理信息系统在林业中的应用

社会经济在迅速发展，森林资源的开发、利用和保护需要随时跟上经济发展的步伐，掌握资源动态变化，及时做出决策就显得异常的重要。常规的森林资源监测，从资源清查到数据整理成册，最后制订经营方案，需要的时间长，造成经营方案和现实情况不相符。这种滞后现象势必出现管理方案的不合理，甚至无法接受。利用 GIS 就可以完全解决这一问题，及时掌握森林资源及有关因子的空间时序的变化特征，从而对症下药。

林业 GIS 就是将林业生产管理的方式和特点溶入 GIS 之中，形成一套为林业生产管理服务的信息管理系统，以减少林业信息处理的劳动强度，节省经费开支，提高管理效率。

GIS 在林业上的应用过程大致分为三个阶段，即：

（1）作为森林调查的工具　主要特点是建立地理信息库，利用 GIS 绘制森林分布图及产生正规报表。GIS 的应用主要限于制图和简单查询。

（2）作为资源分析的工具　已不再限于制图和简单查询，而是以图形及数据的重新处理等分析工作为特征，用于各种目标的分析和推导出新的信息。

（3）作为森林经营管理的工具　主要在于建立各种模型和拟定经营方案等，直接用于决策过程。

三个阶段反映了林业工作者对 GIS 认识的逐步深入。目前 GIS 在林业上的应用主要有：

（1）环境与森林灾害监测与管理方面中的应用　包括林火、病虫害、荒漠化等管理，如在防火管理中，其主要内容有：林火信息管理、林火扑救指挥和实时监测、林火预测预报、林火设施布局分析等。

（2）在森林调查方面的应用　包括森林资源清查和数据管理（这是 GIS 最初应用于林业的主要方面）、制定森林经营决策方案、林业制图。

（3）森林资源分析和评价方面　包括林业土地利用变化监测与管理，用于分析林分、树种、林种、蓄积等因子的空间分布，森林资源动态管理，林权。

（4）森林结构调整方面　包括林种结构调整、龄组结构调整。

（5）森林经营方面　包括采伐、抚育间伐、造林规划、速生丰产林、基地培育、封山育林等。

(6)野生动物植物监测与管理。

1993—1997 年,由联合国开发计划署(UNDP)援助的"中国森林资源调查技术现代化"项目顺利执行。以全国林业监测站点数据和遥感数据为主要信息源,进行全国林地生态类型数据库的建设工作,在空间上和时间序列上完整、系统地反映林地区域不同的生态系统特点、林种、群落特征及其林(树)龄等。

第一节　数据库建设

一、数据库建设内容

采用国家统一的数据代码和林业行业规范代码建立起以基础地理信息、森林资源信息、林业行政机构及管理信息等为基础的林业综合信息数据库等。

1.基础地理信息

收集、分析、制作所研究的区域范围,包括道路、河流、山脉、建筑、等高线、主要地名等图层,并具有相应的属性信息,如道路名称、河流名称等。

2.森林资源信息

包括二类资源调查区划小班及卡片、林相图、森林资源分布图、森林分类经营区划及相关图表资料、森林植被类型及分布、林地土壤分布、植物资源、动物资源、昆虫资源、菌类资源、药材资源、森林旅游资源、林副产品资源等;对各地的二类资源调查区划小班及卡片、林相图、森林资源分布图进行数字化,对信息图层进行系统的构建数据等。

3.行政区划数据

结合区级林业行政主管部门专业技术人员转绘的区、街道、社区(村)行政区域界线,利用林地调查的行政界线成果,制作行政区划数据。

4.林权勘查数据

快速制作各类专题图层及添加相应属性,包括宗地林业图(宗地林木信息、宗地权利人等);以街道为单位的林权基本图(村界、林地权属、地类、森林等);以社区(村)为单位的林地分布专题图(林地林木确定权属情况、地类、森林类型等)。

5.影像数据

作为数据库建设的一部分,影像数据尽可能从各单位收集。影像数据在系统中为背景参考。

6.其他林业信息

林业系统机构设置分布与职能、人员组成分工与结构、林业历史、林业法律法规与政策等。

二、数据库建设原则

1.安全性

建立一体化的安全体系与策略,重点加强对支撑环境中心、系统平台的安全保障。

2.兼容性

系统提供强大的兼容性,必须有数据库专用接口,还有异构数据及系统间的数据接口,系统在设计中还要考虑跨平台应用的可能。

3.维护性

系统设计时应该采用通用、成熟的产品和技术,同时考虑尽量减少系统的维护工作,尽量减少维护的难度。

4.保密性

采用多种保密技术,包括信息加密、口令、防火墙等,确保系统的保密性。

5.稳定性

采用稳定性好的主流信息平台及开发工具,以使系统能稳定可靠地运行,并很好地适应未来的发展和变化。

6.易用性

从实际情况出发设计系统的结构和功能,紧密结合实际应用需要,保证系统最大限度地符合用户实际应用的要求,同时采用统一风格的界面和操作方式,使系统易学易用,操作简单。

三、林业地理信息数据库建设过程

数据库建设要经历 4 个阶段,其中资料收集与核实阶段的大部分内容在林地调查时已经完成,只有当发现调查的数据成果缺少具有法律效应的文件资料的支持或者对现有资料有疑问时再重新收集相关资料并核实。

1.采集处理阶段

(1)图形数据采集　采集处理阶段的图形数据获取在林地调查测绘阶段已经获得。

（2）属性数据采集　属性数据主要按照相关标准要求规定的属性结构表逐项进行采集。根据属性数据的来源不同，可分为手工录入和直接导入两种方式。

①手工录入

1）逐个图斑直接录入属性数据。

2）用 GIS 采集软件，按图形逐个输入属性；也可以在外部数据库中输入属性内容，数据库软件集中录入属性数据后，然后通过关键字段连接到图形上来。

②直接导入。直接导入属性数据到林地数据库中。

（3）存档资料采集　权属存档资料包括林地登记表、林地出售或者转让协议、法人身份证以及林地证等，存储数据格式为 ＊.jpg 文件。对需要采集的存档资料，直接采用扫描仪、数码相机等设备进行扫描或拍照，生成存档数据文件。

2．数据确认阶段

该阶段主要是对采集的数据进行法定认可。采集的图形、属性、存档数据需通过相关部门确定后方可进行数据入库阶段。没有通过确认的数据需要重新进入采集处理阶段。

3．检查入库阶段

数据入库前首先要对经过确认阶段的数据质量进行检查，检查内容主要包括矢量数据几何精度和拓扑检查、属性数据完整性和正确性检查、图形和属性数据一致性检查、接边精度和完整性检查等，检查合格的数据方可入库。

（1）数据检查　由于数据采集和录入过程中会不可避免地产生误差，因此，在数据采集、录入完成后，要进行编辑处理，目的是为了消除数据中的错误行，数据重组，保证整个数据的正确。入库前数据检核处理主要包括以下检查内容：

①空间数据的分层检查。主要检查空间数据的分层是否正确、数据文件命名、数据是否齐全、数据格式是否符合入库要求。

②图形数据位置精度检查。在屏幕上将检测要素逐一显示或绘出全要素图（或分要素图）与矢量化原图对照，目视抽样检查各要素分层是否正确或遗漏、位置精度是否符合要求、多边形是否闭合。

③图形数据逻辑一致性检查。逻辑一致性检查是指拓扑关系检查，检查内容包括：拓扑关系是否存在，多边形是否闭合，是否仅有一个标识码，是否有线段自相交、两线相交、线段打折、公共边重复、悬挂点或伪节点、碎片多边形等。

④属性数据结构检查。检查属性文件是否建立，属性结构是否齐全，各要素层属性结构是否符合标准要求。属性值的正确性检查主要内容包括字符合法性检查、非空性检查等。

（2）数据入库　依据规范向数据库管理系统中输入各种参数，同时建立数据字典、数据索引、元数据库,将经过质量检查合格的图形数据和属性数据转入数据库,完成数据入库工作。

第二节　森林资源管理地理信息系统

一、基础数据库的建立

1.基础地图整理和空间数据库的建立

自然资源地图,如森林分布图、林相图、土壤分布图、森林资源产量、质量分布图、野生动植物分布图、病虫害分布图、降水分布图(年最高、最低、积雪等)、辐射量、日照量分布图、热量资源分布图等。

(1)自然地理地图　如地形图、地貌图(往往用于大范围的森林资源管理)、水系、流域分布图等。

(2)社会经济地图　如交通分布图、人口分布图、资源消耗分布图、居民点分布图、木材加工利用分布图等。

(3)森林经营地图　如林业区划图、造林规划图、资源预测图、森林火险等级分布图、调查样地分布图。

(4)树木种源规划图、森林资源评价图、自然保护区规划图、森林公园规划图、环境保护规划图、土地利用图等　森林资源管理的某些专题应用领域的信息管理往往只需要一部分图件作为其信息源。

以上列出的所有地图有些是最初的原始材料,有些则可以利用地理信息系统的空间、属性数据分析处理功能被制作出来。如森林经营地图中的一些图件就可以通过资源、地理、社会经济等有关地图进行综合处理而获得;资源图件也可以根据生长预测模型进行属性数据分析以及空间、属性数据的相关分析进行设计和制作。用户可以根据具体情况确定哪些地图作为森林资源地理信息管理的信息源。

2.属性数据库建立

"二类"调查数据目前在我国大都采用关系数据库,每个小班调查卡片为数据库中的一个记录,经输入、检查、修改,建成小班调查因子数据库和样地调查数据库。在数据库中,数据项:每项调查因子。为实现属性库与图形库的连接,对应于图形库中的关键字,在小班数据库中增加了一个数据项ID;记录:以小班记录或样地记录为单位;文件:以乡(镇)或林场(采育场)为单位,文件以乡(镇)或林场(采育场)名称命名。森林资源数据库中,小班调查记录卡含小班编码,调查因在不同的省(区)有相应的标准,在其二类清查的规程中有相应的说明。

3.空间数据和属性数据的连接

为实现图形数据和属性数据的双向查询和检索，必须为空间业务表中的每一个地理要素建立唯一编码，且在与之对应的非空间数据表中建立同样的编码，使空间业务表与属性表建立连接。在空间业务表中建立空间数据的统一编码，并设为主键。统一编码采用 19 位编码，前 3 位表示该特征所在数据集的编号（DatasetID），第 4～6 位表示特征类 ID（FeatureID），第 7～19 位表示在特征表唯一标识特征的 ObjectID。通过这 19 位编码可唯一地确定每个地理要素。在其对应的属性表中，都要加入该编码，从而将这些表连接起来。主键编码的格式为：DatasetID＋FeatureID＋ObjectID（要素数据集编码＋要素类编码＋小班编码）。按照以上规则对森林资源数据库中的要素数据集、要素类、要素以及森林资源的各类资源进行编码设计如下：

(1)森林资源空间数据库中的四大要素集　行政区划数据集、水系数据集、林业专题数据集、遥感影响数据集，其编号分别为：001、002、003、004。

(2)要素类　点要素类、线要素类、面要素类，编码分别为：001、002、003。

(3)要素编码　系统中主要涉及林业小班，它是森林资源管理的最小单位，必须对空间数据中的各小班进行行政区划编码以确定唯一的地理要素。小班编号按省、地区、县、乡、村、小班 6 级编码，以数字表示。例如：××省＋××地区＋××县＋××乡镇＋××村＋××小班，其中的省、地区、县、乡镇、村编码，按照国家的行政区划统一编码。

二、森林资源管理地理信息系统

1.森林资源分析和评价

(1)林业土地利用变化监测　林业土地变化包括林地类型和林地面积两方面。GIS 借助于地面调查或遥感图像数据，实现了地籍管理，将资源变化情况落实到山头地块，并利用强大的空间分析功能，及时对森林资源时空序列、空间分布规律和动态变化过程作出反映，为科学地监测林地资源的变化、林地增减原因，掌握征占林地的用途和林地资源消长提供了依据。

(2)地理空间分布　用 GIS 的数字地面模型（DTM），坡位、坡面模型可表现资源的水平分布和垂直分布，利用栅格数据的融合、再分类和矢量图的叠加、区域和邻边分析等操作，产生各种地图显示和地理信息，用于分析林分、树种、林种、蓄积等因子的空间分布。使用这些技术，研究各树种在一定范围内的空间分布现状与形式，根据不同地理位置、立地条件、林种、树种、交通状况对现有资源实行全面规划，优化结构，确定空间利用能力，提高森林的商品价值。

(3)森林资源动态管理 建立县级森林资源连续清查和"二类"调查数据库系统，完善了森林资源档案，并根据实际经营活动情况及生长模型及时更新数据，为及时准确地掌握森林资源状况和消长变化动态提供了依据。空间数据与属性数据的有机联结实现了双向查询，根据图形查询相应的属性数据，如可通过林班或小班图形查询其相应的调查或统计数据；也可按照属性特点查找对应的地理坐标或图形。查询结果以专题图、统计图表等方式输出。

2. 林权管理

权属分国家、集体、个人三种形式，不同权属的森林实行"谁管谁有"的原则，大部分权属明确，产权清晰，界线分明，标志明显，山林权与实地、图面相符，少数地方界线难以确定，可用邻边分析暂定未定界区域，从而减少或避免了各种林权纠纷。

3. 森林结构调整

(1)林种结构调整 用缓冲分析方法进行河岸防护林、自然保护区、林区防火隔离带等公益林的规划，确定防护林的比例和相应的分布范围。根据森林资源分布状况和自然、社会经济分布特点以及社会经济需求进行空间属性分析，可以确定不同林种（如用材林、经济林、造纸林、生态防护林、风景林、水源涵养林等）的布局。

(2)龄组结构调整 一方面根据森林资源可持续发展的需要，利用地形地貌、立地条件分布特点，林木生长各个阶段的经济和生态效益特点，利用 GIS 和相关的技术确定合理的龄组结构；另一方面指定相应的森林时序结构的调整方案并落实到具体的山头地块，在大力造林、绿化、消灭荒山的同时，按照龄组法调整龄组结构，加速林木成熟，使各龄组比重逐步趋向合理，充分发挥林地的生产潜力。

4. 森林经营

(1)采伐 借助于 GIS，制定详细的采伐计划，确定有关采伐的目的、地点、树种、林种、面积、蓄积、采伐方式和更新措施。制订采伐计划安排，制作采伐图表和更新设计。

(2)抚育间伐 利用 GIS 强大的数据库和模型库功能，检索提取符合抚育间伐的小班，制作抚育间伐图并进行合理的株数模拟预测。

(3)造林规划 GIS 可通过分析提供森林立地类型图表，宜林地数据图表，适生优势树种和林种资料，运用坡位、坡面分析，按坡度、坡向划分的地貌类型结合立地类型选择造林树种和规划林种。

(4)速生丰产林、基地培育 GIS 的空间地理信息和林分状况数据结合，依据模型提供林分状况数据如生产力、蓄积等值区划和相关数据，据此可按林分生产力设计速丰林培育和基地建设。

(5)封山育林　封育区域的确定涉及一些地理地貌和社会经济及人为活动等因素。GIS的分析设计可兼顾多种要素,采用DTM和森林分布图及专题图叠加的方式,区划出合理且更易实施的封育区域。

第三节　林业地理信息管理系统

根据现代林权管理需求,我们需要建立林业地理信息管理系统,该系统需完善的地理信息系统支持,实现对林地权属、林权档案的管理,提高林权管理质量,并整合空间地理信息数据,在明晰产权的基础上,建立一套以林地所有权为基础的图、表、册一致,人、地、证相符合的林权空间地理信息数据库。并能实现国家规定格式数据的交换;能对林地调查数据进行检查,并具有增、删、改等编辑功能,满足日常管理要求;支持多种数据源的林地调查数据更新。

一、总体技术路线

林业地理信息管理系统总体技术路线是:林地图和宗地图为空间信息服务的基础数据和处理目标,属性数据和林地档案表格进行相关处理,以满足平台的互操作性;依据按功能层次划分组件中间件的原则,对林地管理信息平台进行模块划分,先编写基础组件,再扩充通用组件,后对业务组件、OA组件以及MIS组件进行扩展,以满足平台一体化的需求;以ComGIS技术和WebGIS技术为基础,以网络和移动通信技术为手段,建立分布式环境下空间信息服务组件中间件的林地管理信息系统平台。

二、性能需求

系统必须具备负载均衡能力,保证多用户并发访问时的可靠性和性能不受到严重影响。系统从总体上要求具有方便、实用、开放、先进、安全、可靠的架构。具体性能要求:

(1)基于框架应用技术设计、组件化的系统,保证灵活扩展,相关组件相互调用简单易用。

(2)能够支持多用户并发操作。

(3)支持年数据量必须能达到上百万条的记录,TB级数据量。

(4)系统访问控制须到功能模块、图层、角色级。

(5)单用户的系统性能总体平均指标为数秒内。

(6)具有较强的系统安全性和灾难恢复能力。

三、系统设计原则

1.坚持先进性、实用性原则

系统的设计应遵照标准的用户界面设计规范,充分考虑业务人员与管理决策人员的操作习惯,通过人性化界面提供业务处理。在保证系统实用性的前提下,确保系统有一定的先进性、前瞻性、扩充性,符合技术发展方向,以延长系统的生命周期,保证建成的系统具有良好的稳定性、可扩展性和安全性。

2.坚持标准化和开放性原则

为保证系统的互联互通和网络信息资源的共享,系统的建设和软件的开发必须按照部、省、市制定的统一标准进行。

在系统构架、应用技术、平台选用等方面都必须遵守 IT 工业标准,具有良好的开放性,应用系统的各个模块之间应该保持相对独立。在科学规范的管理制度的保障下,数据资源能够得以顺畅流动,能够和其他政府部门的数据资源和应用资源实现顺利对接,构成一个具有统一软件平台、统一标准、统一数据的开放系统,具有易扩充的、稳定的数据与应用体系。

3.坚持可扩充性原则

信息化建设是一个循序渐进、不断扩充的过程,系统的设计和建设应具有可扩充性和可维护性,整体构架要考虑与各级系统间的无缝连接,为今后系统扩展和集成留有扩充余量。

4.坚持可维护性原则

系统设计应按照标准化、规范化、分层化的方法设计,软件实现时尽量采用构件化。通过采用构件化软件开发方式,引入面向服务(SOA)的理念和技术,以满足如下可维护性要求:一是系统结构分层,业务与实现分离,逻辑与数据分离;二是以接口为核心,使用开放标准;三是构件语言描述的形式化;四是提炼封装构件的规范化。

5.坚持"上下兼容、保护投资"的原则

通过系统硬件环境建设和充分利用现有网络等资源,面向全系统开放,避免重复建设。对已经建立的各种应用系统和数据库,从保护投资角度考虑,建立数据交换接口,统一纳入到大系统中来。

四、系统技术架构

系统技术架构表现为五层结构:数据层、引擎层、管理层、服务层和应用层(图 7-1)。

数据层主要是指基础框架数据、遥感影像数据以及林权相关专题数据。数据建设按照统一标准规范,整合各种数据资源,建立集中管理、集中服务的林权电子地图数据库。

地图引擎层提供地图服务接口,通过该地图引擎层进行封装,搭建 GIS 服务层。

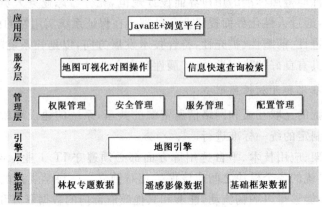

图 7-1　系统整体架构图

管理层包括用户权限管理、安全管理、服务管理、配置管理等功能。

服务层是系统的核心功能,对外提供多层次、多功能地图服务,以满足林业局的地理信息需求。

应用层指调用服务层的各类服务接口搭建的业务系统或林业局现有的业务系统,本方案中是指地图浏览客户端部分。主要包括以下几类应用:

地图可视化服务(基础电子地图、遥感影像、林权专题数据显示等);

地图交互操作服务(放大、缩小、标注、定位等);

空间查询服务(叠置分析、缓冲区、属地查询等)。

五、主要功能

林地调查数据库管理系统平台可以划分以下几个功能模块。

1. 数据库建库

建立林地数据库是林地管理工作的基础,应结合实际数据情况与应用情况,提供多种快捷方便的建库工具和数据转换工具,尽可能地减少建库工作量,简化建库难度。系统将图形数据和属性数据有效结合,实现图属一体化管理。另外,考虑到林地调查数据的更新,系统将提供支持各种数据源的林地调查数据更新功能。

2. 数据编辑

系统提供多种图形数据和属性数据的编辑工具。可以使用解析方法生成编辑宗地图形；可以直接由鼠标或者键盘录入界址点坐标来生成宗地；对于属性数据提供了初始建库批量录入的功能。除此之外，还可以对各类林地调查数据进行增、删、改等编辑操作。

3. 查询功能

系统提供多种图属查询功能，以满足日常办公的需要。可以实现图属互查，由图形查属性主要包括：查询界址点、界址线、宗地的属性信息；查询各种表格内容；由属性数据查询图形，包括根据宗地号或者林地使用者等属性信息查询其对应的宗地图形；通过地名库进行地名查询；也可以进行模糊查询，即根据审批表中属性字段值的相似程度来查询宗地。

此外还提供颇具特色的历史查询，可以实现单宗的无级历史查询，即无限制地追溯历史；也可以实现对某一历史时期全局历史的查询和多个历史时期的同时查询。

4. 统计功能

系统的统计功能包括对任意范围内的宗地数据进行查询统计；根据条件对限定的对象进行统计；也可按照街坊街道和区进行统计。根据林地登记文件、国家划拨、征用林地的批件、最新的林地利用现状图、林地图、林地利用面积平衡表以及林地规划成果等资料完成林地的初始统计和变更统计。

5. 成果输出

成果包括图形数据和属性数据。可以根据用户需要输出林地宗地图，也可以输出标准分幅图的宗地数据、任意范围内的宗地。属性输出包括各种表的输出打印，可以输出任意宗地的所有表格信息。

6. 系统维护

系统维护模块提供了系统维护功能，包括对系统参数、功能菜单等进行设置。为日常的工作提供包括数据库管理、编码管理、日常文件管理。

第八章 农业种植结构调整空间决策支持系统

第一节 系统概述

系统建立的农田管理与决策支持软件系统,在集成性、通用性和易普及性上有所改进,系统根据用户需要,依据以下指导思想进行设计:

数据管理和专业模型紧密集成。土地评价既涉及复杂的空间数据,又要对大量的属性数据进行专业分析,因此系统要提供比较完善的地理信息管理和分析功能,同时实现地理信息管理与评价等专业模块的无缝集成。

系统具有一定的灵活性和开放性。农田管理与决策因地而异,不同区域的评价因子和决策参数都会发生变化,因此系统必须有充分的灵活性和开放性。使用户可以根据实际情况确定自己的评价因子和决策参数。该系统在充分考虑到河北省正定县具体情况的前提下,对数据库结构、决策参数的确定都设立了灵活的建立机制。统一而简洁的界面设计使软件简单易用。

为了适应空间数据的显示系统,设计了与美国 ESRI 公司著名软件 ARCVIEW 类似的工作界面,该界面既方便了空间数据的显示,又有利于非空间属性数据的显示,具有较强的实用性和指导性。我们认为决策模型只能辅助决策而不能代替决策,在实际工作中,具体的决策过程十分复杂,任何先进的决策软件只能起到参谋的作用。因此在该软件系统设计时,我们特别注意了为用户提供实用性和指导性的决策参考,而不是限制用户思维,提供指令性的决策结论。

第二节 系统详细设计

一、数据库的设计

系统的数据设计可以划分为两大类型——内部数据与外部数据。内部数据为与空间数据紧密结合的属性数据;外部数据可以相对独立于空间数据。内部数据与空间数据结合紧密,用于对各种电子地图的专题分析,从而生成相应的专题地图;外部数据操作简单,便于采用其他相关软件建立和编辑。

系统还建立了外部数据与内部数据之间的关联机制,从而使外部数据与电子地图对应起来,亦可进行空间对象属性查询、显示。数据库的设计还充分考虑到数据库与评价、规划模型之间的接口,模型计算以数据库为基础进行,评价结果自动存入相应数据文件。

该系统中的数据主要分成空间数据和非空间数据。空间数据主要采用 Shape 格式进行存储,每张地图存储在每个子目录下。而利用关系数据库对每个子目录名称进行管理,用户可以通过对数据库的维护,实现地图的增删改的功能。其次,在进行系统初始化时,首先需要建立相应的参数库,用户可以根据具体情况随时加以修改。针对不同的需求建立不同的参数类型和默认值。在 20 世纪 60 年代左右,数据库系统还只是一个文件系统阶段。它主要利用文件形式存储,所以又成为文件处理系统。因其有数据冗余、数据和程序之间缺乏独立性等缺点,人们在此基础上发展了数据库系统。

数据库系统是基于 GIS 的农业结构调整空间决策支持系统的重要组成部分,通过它可以实现对决策支持系统中涉及的大量数据信息进行存储、处理、检索和维护,并能及时从各类信息中获取数据,而且可以将这些数据转换成符合要求的各种数据结构。

农业结构调整空间决策支持系统中的数据具有数量大、范围广泛的特点,不仅包括空间数据和属性数据,而且数据的来源不同,数据项定义不统一,容易造成数据的可比性较差。因此针对上述特点,我们设计一个数据库系统,此系统比一般的数据库系统具有更强的存取性,易扩充性;能够方便地进行数据的输入、查询和输出。并且在输出数据的同时能够进行各种图表的显示和输出能力。我们还可以将基础数据、中间数据、最终数据一同存储在数据库中,使决策者能够灵活地运用模型对数据进行加工、处理、分析,以便获取所要的综合信息和预测信息,为决策者作出科学的决策提供依据。

农业结构调整空间决策支持系统的数据库系统除了应具有一般的数据库系统功能外,系统设计时还应遵循以下原则:

(1)面向决策过程组织管理数据　数据库的设置应满足各种层次和各种类型的决策过程对数据的要求。而数据库管理系统有效地将这些面向决策过程的数据组织起来,为决策者进行决策提供方便。

(2)面向模型使用数据　只有使数据与模型相结合,模型与所需数据相匹配,才能根据模型,通过计算得到所需的结果,才能指导决策者进行决策。

(3)面向决策者　数据库系统的设计应采用决策者易掌握的形式,以便决策者可以查询、修改、增删等一系列的操作。

二、数据库管理系统

数据库管理系统(Data Base Management System,DBMS)是指数据库系统中对数据进行管理的软件系统,它是数据库系统的重要组成部分,数据库系统的一切操作,包括查询、更新以及各种控制都是通过 DBMS 进行的。数据库管理系统是直接建立在操作系统基础上的负责操作和管理数据库的计算机软件系统。数据库管理系统的结构如图 8-1。

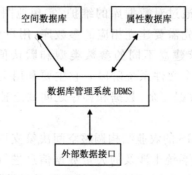

图 8-1　DBMS 的结构图

基于 GIS 的农业结构调整空间决策支持系统的数据库管理系统包括空间数据管理和属性数据管理。空间数据管理负责空间数据库的建立和管理;属性数据管理包括对基础数据库、模型数据库和结果数据库的建立和管理。在 GIS 的支持下,可以实现空间数据和属性数据的连接。利用 GIS 可以实现将关系数据库的信息转换成 GIS 使用的属性数据结构,以便决策者运用 GIS 工具将空间数据与属性数据相结合进行综合分析,并生成各种可视数据图,帮助决策者分析问题、解决问题。

空间决策支持系统的数据库包括农业社会、经济、生态与资源等方面的数据和土地资源评价图、交通状况图、农作物分布现状图及乡镇行政界限图等的数据。因此它与一般的数据库不同,它主要是用于支持决策过程和提供查询服务的。数据库的数据不仅需要内部数据,而且需要大量的外部数据,如市场需求、产品价格等。这些数据由 GIS 提供或者是通过统计而来的。

数据库由空间数据库和属性数据库组成。其中空间数据库主要是图形数据库及相关的一些文字说明和数据。对系统中的空间数据及相应的属性信息的管理是以 ArcView2.0 为基础平台完成的。ArcView2.0 是美国 ERIS 公司 1995 年初在 Arc-View1.0 的基础上开发的基于窗口的集成地理信息系统,该软件提供强大的图形用户界面功能,方便用户操作。ArcView 对空间信息数据库是以关系数据库的模式组织和管理的。在 ArcView 对数据库的有关操作是以表格的形式进行的,表格中包括视图中某一特定的对象(如乡镇、交通线、铁路等)的描述信息。表格的每一行或一条记录定义了视图中的一组对象中的一员的所有特征,而表格的每一列或每个学段定义了对象成员的某一属性或特征。对表格的有关操作与普通的关系数据库完全一样。ArcView 可以接受以不同格式存储的各种来源的关系型数据库,并可以将它们转换为 ArcView 的表格。只要数据源与主题表中包括描述相同信息的字段,就可以对这些表格进行连接和查询操作。

　　农业结构调整空间决策支持系统不仅需要大量的定量信息,还需要大量的定性信息。因此在此系统中除了用 ArcView 进行管理以外,还有一部分文字说明及模型参数与结果由数据库管理系统进行管理(图 8-2)。

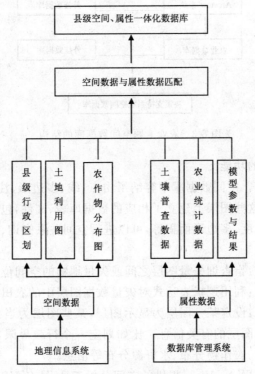

图 8-2　农业结构数据库构成

1. 空间数据库

(1)空间数据库的内容

①基础地理数据。这些数据主要由主管部门提供的含铁路、公路、行政界限等数

字化资料。

②农业专题数据。利用研究地区的农业图件进行扫描,用 ArcView 对其进行矢量化,所得数据进入 GIS 数据库。

将一些文字说明和数据进入外挂数据库(图 8-3)。

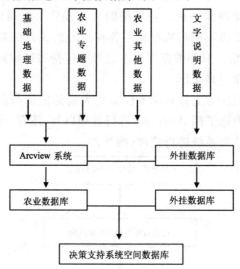

图 8-3　农业专题空间数据库的结构

(2)空间数据库的功能

①空间信息查询。空间数据库中容纳了由点、线、多边形、注记等图层组成的大量空间数据信息,在这些图层上建立了相应的数据库表、文件,包括用户标识码、属性码、属性名称、线段长度、多边形面积等,可以进行空间关系查询、逻辑关系查询、空间关联查询。

1)空间关系查询:指查询矢量图层之间或矢量地物的空间位置关系。

2)逻辑关系查询:利用逻辑表达式对矢量数据图层中的农田级别进行查询。

3)空间关联查询:设定某一图层为显示图层,某些图层为当前图层,可以查询与显示图层相关的当前图层的有关信息。比如划定一个行政界限,可以查询与该行政界限有关的公路分布、农作物分布、水资源分布等信息。

②空间分析。利用 ArcView 提供的空间分析工具,结合 VB 和 MO 进行系统的二次开发,可以进行叠置分析、空间决策分析。

1)叠置分析:将两个或多个多边形图层进行叠加,生成一个新的多边形图层,提取各多边形图层的重叠部分,用以研究种植业结构的调整。

2)空间决策分析:系统可以将决策结果与相应的地区叠加,为空间决策提供可视化的地图。

③属性信息查询。基于 GIS 的种植业结构调整空间决策支持系统内存储了可供查询的数据表格、文字资料等。通过系统可以按照需要进行选取某一区域，可以将存储在外挂数据库中的与选取条件相关的数据及文字说明等通过连接显示出来。

2. 属性数据库

(1)属性数据库的组成　属性数据库包括基础数据库、模型数据库、结果数据库。

基础数据库是以静态型数据为主，以动态型数据为辅。其存储的内容有经济、社会、生态及资源利用等方面的多种信息资料。

模型数据库也称为专业数据库或中间数据库。它包括模型输入库、模型存储库、模型结果库，模型数据大部分是动态数据。模型数据库是基础数据库，结果数据库与各种应用模型的桥梁，每个模型都有一个模型数据库。模型数据库由模型输入库和模型输出库组成。模型输入库存储的是模型所需的数据。每个模型数据库都有其相应的数据库应用程序子系统，通过系统可以实现对数据的录入、修改、查询等操作，还可以根据模型的需要，从基础数据库中提取数据，并转换成模型运行时所需的数据，而将模型的输出作为中间结果存入模型输出库，以便查询、分析和调用。

结果数据库存储的是经模型对输入信息进行加工处理后的结果。它是一个动态的数据库，采用动态数据库可以提高数据检索和查询速度，并能节省外存空间。空间数据库存储的是地理要素的空间位置和拓扑关系。将属性数据库与空间数据库的数据结合起来进行综合分析，可以以地图的方式非常直观地显示数据在空间上的分布结构。

3. 空间数据库与属性数据库的连接

空间数据库与属性数据库主要通过用户建立的关系型属性文件与图形文件数据相联系的。通过 User－ID 建立起空间数据库与属性数据库的连接，从而使空间属性与其所在的位置之间建立了一一对应的关系，要素属性文件的管理与空间数据管理紧密结合在一起。

4. 模型库系统

模型库是在计算机中按一定组织结构形式存储的多个模型的集合体。模型库在模型库管理系统下得到有效的管理。

由于基于县级种植业结构调整涉及社会、经济、文化、自然等各方面影响因素，若仅凭决策者的主观判断及经验就很难做到全盘考虑，一般会难免忽略某个因子而使决策不能全盘考虑。并且各个地区所要达到的目标和要求不同，用一个模型无法完成决策的过程。因此我们根据目标和要求,运用研究中应用系统分析方法,并采用运筹学中的多标准优化模型便能很好地解决这些问题。建立不同的模型,并可以将这些模型统一起来,为种植业结构调整提供决策。

模型库系统由模型、模型库和模型库管理系统组成(图 8-4)。

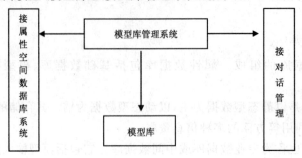

图 8-4 数据库系统的结构图

5.模型库

模型库的元素是单一模型,每个模型都有其自身数据结构,不同模型有不同的数据结构。根据种植业结构调整的特点考虑在某一目标或多个目标达到最优是系统变量所能达到的状态,并根据系统变量之间的约束关系建立约束方程,求解各个变量值。这些模型可以为空间决策支持系统提供一个基础,它们可以被用户根据地区特点直接使用或用来生成更为复杂的专用模型,为更为广泛的地域使用空间决策支持系统。

模型库的结构采用关系数据型库结构,基于关系模型表示法的模型库结构如表 8-1。

表 8-1 空间决策支持系统模型库的结构

集合定义	集合赋值	参数定义	变量定义	方程定义	目标函数定义	模型定义	模型求解	模型结果输出
明确基本数据结构	对集合中个元素赋值	在模型库中建立相应的索引结构	对各类变量赋予定义域上下限	利用集合、参数、变量说明约束关系,建立索引结构	对指定的方程定义目标函数	利用一组方程的集合定义模型	指定模型求解算法及优化方式	将结果送入中间数据库或结果数据库

优化模型的具体表现形式如下：

（1）单目标线性规划模型

在约束为

$$a_{11}x_1 + a_{12}x_2 + \cdots + a_{1m}x_m \leqslant b_1$$
$$a_{21}x_1 + a_{22}x_2 + \cdots + a_{2m}x_m \leqslant b_2$$
$$\cdots \quad \cdots \quad \cdots$$
$$a_{n1}x_1 + a_{n2}x_2 + \cdots + a_{nm}x_m \leqslant b_n$$
$$x_j \geqslant 0 \quad (j = 1, 2, \cdots, m)$$

的条件下，求目标函数

$$s = c_1x_1 + c_2x_2 + \cdots + c_mx_m$$

极小（或极大）。

式中 x_1，x_2，$\cdots$，x_m 为决策变量；

$$
\begin{matrix}
a_{11}, & a_{12}, & \cdots & a_{1m} \\
a_{21}, & a_{22}, & \cdots & a_{2m} \\
\cdots & \cdots & & \cdots \\
a_{n1}, & a_{n2}, & \cdots & a_{nm}
\end{matrix}
$$

为各个决策变量的参数。

（2）分层多目标线性规划模型　本模型追求多个目标函数的最优化，但各个目标不是同等地被优化，而是按不同的优先层次先后地进行最优化。

一般地，对于 $M(M \geqslant 2)$ 个目标函数 $f_1^1(x)$，$\cdots$，$f_{l_1}^1(x)$；$f_1^2(x)$，$\cdots$，$f_{l_2}^2(x)$；$\cdots$；$f_1^l(x)$，$\cdots$，$f_{l_L}^l(x)$ $(l_1 + l_2 + \cdots + l_L = m)$

按其重要性分成 $L(\geqslant 2)$ 个优先层次：

第 1 优先层次——$f_1^1(x)$，$\cdots$，$f_{l_1}^1(x)$

第 2 优先层次——$f_1^2(x)$，$\cdots$，$f_{l_2}^2(x)$

$\cdots\cdots$

第 L 优先层次——$f_1^l(x)$，$\cdots$，$f_{l_L}^l(x)$

则它们在约束条件 $x \in X$ 之下的分层多目标极小化问题可记作：

$$L - \min_{x \in X} [P1(f_1^1(x), \cdots, f_{l_1}^1(x)), P2(f_1^2(x), \cdots, f_{l_2}^2(x)), \cdots, PL(f_1^l(x), \cdots, f_{l_L}^l(x))]$$

式中 $Ps(s = 1, \cdots, L)$ 是优先层次的记号，表示后面括号中的目标函数 $f_1^s(x)$，$\cdots$，$f_{l_s}^s(x)$ $(s = 1, \cdots, L)$ 属于第 s 优先层次，并且各 Ps 之间依次按记号 $P1, P2, \cdots, PL$ 的次序逐层地进行极小化。

若在每一优先层次均仅只有一个目标，所有各层目标又都是决策变量 Xi 的线性函数，且约束条件也是线性的，即为分层多目标线性规划。

模型问题可记作 $L - \min\limits_{x \in X}[Psfs(x)]_{s=1}^m$

令 $\qquad\qquad fs(x) = Cs_X^T, s=1, \cdots, K$

模型表示为：

$$L - \min[PsCs^TX]_{s=1}^m]$$

$$AX \leqslant b$$

$$X \geqslant 0$$

(3)目标规划模型 是在一定约束条件下要求多个目标达到或尽可能接近于给定的对应目标值的多目标最优化模型。这种模型并不是考虑对各个目标进行最小化或最大化，而是希望在约束条件的限制下，每一个目标都尽可能地接近于事先给定的各自对应的目标值。

(4)模型的存放形式 对模型库而言，如何存放模型是最重要的，因为这关系到是否能够有效地利用模型，并使模型便于管理。

一般来说，模型的存放形式有三种，它们是数据形式、子程序形式、模型语句形式。数据形式即符合模型规范的数据集合，这种形式适用于数据来源确定、针对性较强、结构较简单的模型，修改模型时，修改规范即可。但模型的这种存放形式实质上是一种数据/模型合一的形式，不利于数据的频繁更新和模型的多方面应用，尤其是对与具有独立的数据库系统的决策支持系统而言，这种形式不利于数据的规范化管理，因而较少采用。

子程序形式是将模型本身以体现其具体算法的子程序形式存放。模型相对于数据是独立的，修改模型及算法只需修改相应的子程序即可。模型与数据库之间以数据交换的形式进行通信。数据库提供的数据有时需要经过一定的格式转换以符合模型要求，模型运算得出的数据也要经过一定形式的格式转换，才能为数据库所接受。这种模型存放方式使用面广，数据来源可以多样化，因而目前国内外应用较多，技术手段上也比较成熟。

6. 模型库管理系统

模型在模型库中占有重要的地位，因此建立一个模型库管理系统是十分必要的。模型库管理系统是用来管理模型的，因模型不是数据而是程序文件，所以模型库管理要比数据管理复杂。模型的管理应包括在整个决策支持过程中对模型所需进行的各种操作，如对模型的存取、修改、调用、连接等操作。

种植业结构调整空间决策支持系统的模型库管理系统，主要的功能是对系统的模型进行存储、存取和修改、调用等。因模型是以程序文件的形式存在的，所以这些功能都是以操作系统为基础进行管理的。

(1)模型的存储管理 空间决策支持系统中的模型用计算机语言 BASIC 和

FORTRAN 开发的。在此系统中所设计的模型都是基础模型,每个模型都是由一个程序文件组成的。对于空间决策支持系统中的线性规划问题,需要组织与存储的内容则包括方程(或不等式)的个数、变量个数、目标函数与约束方程的系数,这些数据通过设计一定的数据结构来进行表达和存储。这些程序文件存放在同一子目录下。

(2)模型的存取和修改　这是另一项模型库管理的基本任务,也就是对上述的数据结构进行增加、修改、删除。它是通过一些基本的设置来完成的,用户界面提供交互接口,用户只要进行简单的选择操作即可。

(3)模型的调用管理　这涉及可运行程序的调用与大量现实数据的组织。每一种模型都有相应的程序,在空间决策支持系统中可以把每一个模型作为一个模块进行调用。模型文件的调用由菜单界面控制,并用开发系统的外部命令去执行模型。模型运行期间会有大量的输出信息显示与窗口,操作员可以随时进行监视,也可以为决策者提供参考。

(4)数据库与模型库的连接　上面已经提到过对空间信息及相应的属性数据的管理是以 ArcView2.0 为基础平台完成的,而辅助决策过程中除了在 ArcView2.0 提供的集成图形环境下对信息进行查询和简单操作外,还需要从数据库中提取数据,输入相应模型中进行计算分析,所得结果也需返回数据库,以便查询和对空间数据的属性信息进行更新,并把所得结果显示在可视化的地图上。因此这需要将 GIS 与模型相连接。

因模型所要求的数据性质与数据库中的数据属性存在着较大的差距,数据库中的大量而丰富的数据是不能被模型直接调用的,需要一个转换的过程,也就是接口程序,才能解决上述问题。

第三节　系统功能

根据我们对以往研究成果的总结,确定本系统必须实现以下功能:

系统可以为用户提供地图信息管理和地图分析功能;具有与目前流行的地理信息软件进行信息交流的功能;在内部属性与外部数据库之间可以进行数据交流和转换。运用软件工程和系统工程的理论与方法,将农田作为一种资源本底,配置农业经济活动中的物质流、信息流和能量流,提出不同目标下的农田种植业结构方案,指导规划农业生产和追求农田的最大综合效益。

在建立了农田信息库和查询设计的基础上,形成农田基本查询系统。通过开放式农田适宜性评价模型和农田多目标决策模型的集成,最终形成可以进行农田种植业结构调整后的效益分析软件,为用户(政府决策部门)提供决策支持。

一、系统模块

整个系统包括地理信息查询、决策分析、系统维护三个模块。每个模块的具体功能实现如下：

(1)地理信息查询模块　地理信息查询包括空间信息查询和属性数据查询。空间数据查询提供了现有数字地图的显示功能；属性数据查询提供了属性数据的查询、扩充连接功能。同时为了扩大信息量，在该模块的功能设计中，我们除提供了比较完善的基础信息外，还提供了空间分析功能。该模块主要利用了以前对河北省正定县农业的研究成果，并将其有效地集成在系统中。

(2)决策信息模块　在农田基本数据库外层挂接上规划模型，可调用数据库中有关数据进行计算，又可将模型决策计算结果存放到数据库中，运用信息查询显示模块的功能进行空间显示查询及属性数据查询。该模块是该系统的核心部分。为了满足用户的各种不同需要，我们为用户提供了单目标决策模型、分层多目标决策模型、目的(标)规划决策模型三个决策模型。用户可根据自己的不同需要，通过参数调整，得出不同的结论，并可以将决策结果以空间化的方式提供给用户。

农田种植多目标决策实现过程可分为以下几个阶段：

①问题与目标。通过作物自然适宜性分析、作物市场效益分析，确定种植业内部主导产业及作物优势品种，确定问题的决策变量、约束条件；再结合需求分析确定优化目标。

②集有关数据确定模型所需的常数和参数，建立模型标准形式。

③确定求解模型的数学方法。调整模型参数，编制、调试程序进行模型计算。

④优化方案的选择得出最优方案。结合实际问题，不断修正模型计算所得的优化解，得出最优方案。

⑤系统维护模块。该模块主要是为前两个模块服务的，它可以提供建立结构不同的数据库、数据库初始化等功能。

(3)人机界面系统　是决策支持系统的外在表现形式，它的好坏直接影响着系统性能的发挥。因此我们设计人机界面系统时应遵循界面友好、操作简单的原则。菜单式对话和按钮式界面是该系统的主要对话方式。菜单可以分为多级或多层次的菜单，将指令设置为按钮，用户可以选择按钮发出指令。这种面向对象的设计方式使系统的功能一目了然，操作简单。

二、农田种植多目标决策

1.空间数据查询的实现

将河北省正定县的各种地图分成四大类：土地资源图、景观单元图、基础地理图、地下水资源图。每一张图分成一到三个图层。每张图的图层之间可以相互叠加，生成新图。从而可以对正定县各种资源从不同的角度进行分析查询。

2.决策模型的选择

优化农田种植结构，进行农田管理与决策，可以根据问题需要采用单目标规划或多目标规划模型进行最优化计算。单目标规划要求在一组约束条件下建立一个目标函数，使其极大化或极小化，适宜于解决单一目标的优化问题。在现代管理决策中，常会遇到比单一目标的优化更复杂的多目标优化决策问题，而且这多个目标常是彼此矛盾的，在这种情况下，一般选用多目标规划模型进行决策分析。针对正定县农田种植业结构现状和存在的问题，本系统提供了三种优化模型，即单纯形法线性规划模型（单一目标优化模型），分层多目标最优化模型和目的（标）规划模型（多目标规划模型）。

3.空间化的实现

如何使决策结果实现空间化是本系统的重点所在。既应为用户提供比较准确的决策指导，又不能代替用户的决策过程。所以我们在对正定县土地资源进行科学评价的基础之上，根据不同的决策结果，针对每个乡的土地资源，提出了空间化的决策参考。

4.系统实现

系统开发环境为中文 Windows 98。采用 Visual Basic6.0 和 ESRI 公司提供的组件 MAPOBJECT 的基础上集成开发完成的。组件软件的思想，就是大型桌面应用程序的功能分割成几个组成部分，每一部分都有自己的功能和属性。通过想应用开发人员提供的工具将组件组装起来，实现某个特定的应用。组件也就是对象。通过可视化编程语言环境来组装组件，得到具有较好性价比的专业软件。一言以蔽之，Mapobject 就是大型软件应用开发的一个组件，它并非是一个应用软件，而是用来提供给开发人员所需功能的软件。

数据库部分采用 Microsoft Access 97 建成和输入。空间数据部分以 SHAPE 格式进行存储。

运行环境：中文 Windows 98 以上的操作系统，内存要求≥16M，CPU≥PENTI-UM 100，分辨率 800×600，至少 50M 的硬盘自由空间。

实现过程见图 8-5。

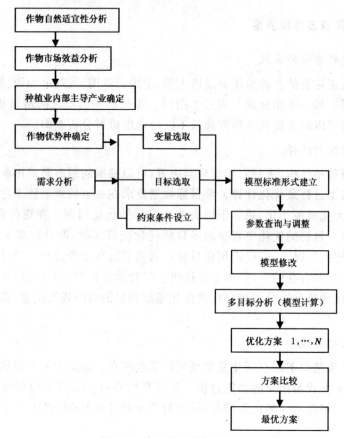

图 8-5　农田种植多目标决策

第四节　应用实例

一、系统框架

　　首先根据河北省正定县地区作物种植类型实际情况和资料来源的可靠性和易得性选择决策变量(图 8-6)。如我们在实验区选择了 7 种主要作物作为优化对象,以其播种面积作为决策变量,分别为小麦、玉米、豆类、花生、薯类、蔬菜、瓜类代表。然后设计模型,经编程形成一个程序子系统,再确定参数,将参数输入模型进行计算,得到决策结果。如果不满意便修改参数,重新输入模型进行计算(图 8-7)。

　　空间决策支持系统的开发方式主要有三种方式:

　　第一种方式是自主设计空间数据的数据结构和数据库,利用 VISUAL C++,

VISUAL BASIC 等编程语言开发空间决策支持系统软件,包括它的支持平台及各部件功能。这种开发形式要求必须具备雄厚的科研力量和巨额的开发费用,而且必须随着研究的不断深入而不断更新系统。这种方法主要适用于开发商品化的软件,对开发一些实用应用系统而言,投入过高却不一定实用。但是这种系统具有程序冗余少、系统运行稳定等优点。

图 8-6　决策支持系统示意图

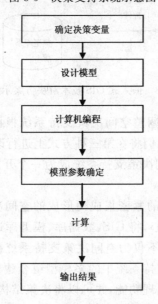

图 8-7　决策支持系统构模程序

第二种方式是引进国外先进的地理信息系统软件,利用其提供的二次开发工具,结合自己的应用目标进行开发。这类软件将 GIS 的所有功能模块打包在一起,功能齐全。这种方法简单易行,主要缺点是移植性差,并且受开发工具的限制,不能脱离原系统软件环境而独立存在。

第三种方式是利用支持面向对象技术的高级语言和 GIS 厂商提供的控件构成面向最终用户的可执行应用程序。这种开发方式是随着控件技术的兴起而在 20 世纪 90 年代开始流行的。利用控件进行开发的 GIS 称为嵌入式 GIS(图 8-8)。嵌入式的 GIS 因其开发周期短、成本低,并且可以脱离大型商业 GIS 软件平台独立运行,为不熟悉 GIS 的团体和个人提供使用上便利等一系列的优点,将是 GIS 未来开发的重要方向。

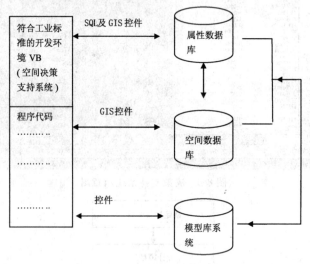

图 8-8 嵌入式 GIS 技术解决方案示意图

基于 GIS 的种植业结构调整空间决策支持系统根据上述三种方式的特点并结合自身的一些条件的限制,我们将在第三种方式上进行改进,开发适合本研究方向的嵌入式的 GIS 系统,使此空间决策支持系统成为一个开放的、实用的,而且适合县级单位使用的 GIS 系统。

将决策支持系统与 GIS 的紧密集成而形成的空间决策支持系统体系结构。它是以空间决策支持系统为核心,将 GIS、数据库、模型库通过 GIS 控件紧密地结合起来(图 8-9),使地理信息系统不仅为空间决策支持系统提供一个数据分析和表达的直观平台,而且为空间决策支持系统中的多模型组合建模提供高效的空间分布式农业参数的输入、组织和前后处理功能,并可以将决策结构动态地显示在地图上。GIS 和决策支持系统结合不仅可以使 GIS 更好地为空间决策支持系统服务,而且可以通过决策将 GIS 的强大功能更好地显现。

图 8-9　系统集成框架

二、MapObjects 控件

随着计算机技术的发展,将一个应用系统做成一个单独的应用程序已经不在实用,尤其是软件领域中的组件技术的兴起,有效地促进改革了面向对象技术和分布式计算技术的发展,在软件开发方面起了巨大的推动作用。组件是建立在对象链接和嵌入(简称 OLE)体系上的,也可以称之为即插即用的软件,它为可视化编程工具,如Visual C++,Visual Basic,Delphi,Powerbuild 提供接插件。组件化的软件结构是将庞大的应用程序分解成多个模块,每个模块保持一定的独立性,这样便使软件的开发和升级变得很容易,也有利于软件的扩展。OLE1.0 标准将对象和应用程序的绝对地址相连,而 OLE2.0 是在 OLE1.0 上进一步发展,将 OLE 自动化,这样可以程式化地访问另一个应用程序的对象,从而实现代码的可重用性,大大增强了编程语言的功能和效率。ActiveX 控件是 OLE 的最新发展,它是基于 OLE 体系和组件对象模型 COM 基础之上的,而 MapObjects 就是一个 ActiveX 控件。MapObjects 是由美国环境研究所 ERIS 推出的控件。它具有地图的放大、缩小、图层控制、地图信息查询、地图符号等方面的功能,尤其是在实时事件跟踪(与 GPS 集成)、控件数据分析等方面具有一定优势。而且 MO 与 ArcView 以及在数字地图和 GIS 应用中最流行的软件 ARC/INFO 具有一致的数据接口。VISUAL BASIC 是微软公司推出的符合工业标准的高级程序开发语言,它是全面支持面向对象技术,5.0 及以后版本中带有大量的控件,而且许多面向各个行业的控件都支持 VB 的调用,MO 也支持 VB 的调用,因此我们选用 VB 作为系统集成的环境。

三、系统的集成

系统集成就是通过 MO 控件来实现的。主要是利用 MO 控件,运用 VB 的编程语言,实现在 VB 的集成环境中对 GIS 中的地图的操作、方便决策者对地图的查询、对地图的叠加分析等一系列的操作。通过 GIS 与数据库的集成可以使 GIS 的空间分析功能在种植业结构调整决策中得到更好地发挥,同时也能够使种植业结构调整决策的结果数据传送到 GIS,使之能够动态地显示在地图上。

GIS 虽然具有空间分析功能。但是 GIS 内制的时空分析模型是很有限的,因此种植业结构调整的决策分析需要建立独立于 GIS 的模型库。如何将 GIS 与模型库进行集成,从而能够为种植业结构调整作出决策,是一个很重要的问题。

系统采用 VB 作为集成的环境,通过 Active 数据对象,数据访问对象和数据环境等技术鉴定与属性数据库进行集成,通过调用动态函数库(DLL)的方式实现 GIS、MO 与应用模型程序之间的数据传递和数据表现。这种嵌入式集成方式具有数据文件共享、界面统一、模型开发不依赖于 GIS 的特点。

四、空间匹配技术

在种植业结构调整的空间决策支持系统中,空间匹配技术占有重要的地位。空间匹配分为两部分:一部分是空间数据与属性数据的匹配;另一部分是决策结果与相对应地域的空间匹配。

要实现一个具有时空变化的动态的空间决策支持系统,就需要利用遥感或其他技术对所研究的地区进行动态监测,获取具有时空性的数据,因此我们需要将这些获取的空间数据与属性数据相匹配。

以往的决策支持系统一般只能实现定性和定量分析相结合的方法进行决策,而没有将决策的结果与地理空间相结合,也就是说决策没有考虑空间图形数据。本文介绍的空间决策支持系统意在不但能够对系统要素进行定性和定量分析,而且能够对分析结果进行定位,形成一个定性、定量、定位三者结合的空间决策支持系统。在此系统中,能够对属性数据进行定位,使决策结果可视化,将决策结果能够直观地生动形象地表达出来。无论是哪一种匹配都与种植业结构调整的农业数据有关。

1. GIS 在数据获取中的应用

在种植业结构调整的单目标、多目标和目标规划模型中,作物的适宜性以及耕地面积是模型运行的重要数据。而影响和制约种植业结构的自然因素有日照、降水、气温、土层厚度、有机质含量、土壤质地等。利用 GIS 特有的空间分析功能既可以比较容易及时地获取各种所需数据,同时还可以随时更新和快速获取所需空间数据。

利用 GIS 可以将已经处理好的土地资源评价图、交通状况图、农作物分布现状图与乡镇行政界限图相叠加,以乡镇为单位,统计出各乡镇基本种植条件(包括各乡镇的土地适宜类面积及所占比例,不同适宜性等级土地所占面积及比例,各乡镇拥有的主要交通干线 2 km 缓冲区的面积,每乡镇各主要作物现状分布面积及比重等),建立各乡镇的农作物属性数据库。

适宜性评价指标体系如表 8-2 所示,流程见图 8-10。

表 8-2　作物种植适宜性评价指标体系

类型	土层厚度（cm）	有机质含量（kg）	土壤质地
宜农地	＞40	＞0.6	水稻土、黏土
宜园地	＜40	＞0.6	壤质土、沙质土
宜牧地	＞30	＞0.3	沙质土
宜林地	＜30	＜0.3	风沙土、沙质壤土
不适宜地			裸砾岩土

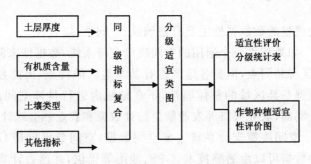

图 8-10　作物种植适宜性平价流程图

2.农业数据类型

相关的农业数据有农业地理空间数据、农业地理统计数据、其他农业统计数据。农业地理空间数据与农业地理统计数据是成图的基础,它们与种植业结构调整空间决策支持系统的空间表达和空间可视化有关。其他农业统计数据为农业社会、经济统计数据,这些数据主要用于参数的生成、模型的建立及参与模型的计算等。

3.农业数据来源

(1)历史数据　主要是历史文献中记录下来的各种数据。这些数据的不确定性较大,特别是一些与经济、社会、生产有关的数据,随着时间的推移,已经与现状不相符合。虽然这些历史数据存在统计口径与现实不符、不系统、不规范等问题,但是仍然能够作为一种参考,只是有些需要经过加工处理。

(2)地图　地图是空间位置数据与地理客观世界中各种实体和过程状态属性数据的主要表达形式和载体。因此我们可以利用地图进行数字化,获取所需的农业空间数据及相关的属性数据。这种方式的优点是省时,缺点是存在误差、具有不确定性等。

（3）遥感和 GPS 数据　随着遥感技术和 GPS 的发展，由各种遥感平台及 GPS 机的方法进行获取数据已经越来越受到各个领域的青睐。农业方面也不例外，这种方式能够及时获取和更新数据，使空间决策支持系统的数据及时得到更新。

（4）统计数据　统计数据包括农业地理、经济、社会数据等。如研究地区的交通状况、农民收入状况、水资源状况、土地有机质的普查、作物生长状况等。这些数据一般经过分区调查，并经过数据处理进入空间决策支持系统。

（5）集成数据　将以上数据变成 GIS 可用数据，经过系统集成，参加模型的运算，形成结果数据并存放于数据库。还有一些与系统相关的数据。

4. 数据特性

种植业结构调整的数据特性主要有地域性、空间性、综合性。

（1）地域性　如果建立一个通用的空间决策支持系统，数据便来源于各个不同的地区，虽然各地区有共同点，但是各地区也有其本地区的特点，因此数据也具有地域的特点。这些数据是某区域的整体属性，不在地域内进行具体空间位置上的定位。如地域农业生产利润、农业人口等农业紧急统计数据和农业社会统计数据。

（2）空间性　空间决策支持系统需要空间数据，空间数据也是 GIS 进行空间分析的基础。这种数据可以由遥感技术、GPS、地图等提供，并通过计算机处理形成可以供空间决策支持系统使用的空间数据。

（3）层次性　种植业结构调整包括三个层次：种植制度的调整、作物类型的调整、播种面积的调整。种植制度的调整主要是以定性分析为主，进行大区域的种植结构的调整。作物类型的调整主要是调整现有的种植业结构，使之趋于合理，并能增加生产效益。播种面积的调整是经过科学的决策和合理的计算来具体到对播种面积的调整。种植业结构调整涉及到几个层次，各个层次都有数据，因此数据具有层次性。

5. 空间数据与属性数据的匹配

利用 GIS 软件将所获取的空间数据与属性数据相匹配，生成各种所需的专题地图提供给空间决策支持系统，通过空间决策支持系统对它们进行的空间分析、空间操作等。

将具有空间特征的数据经过数字化处理生成 Arc/Info 的 COVERAGE 数据格式。如土地利用现状图、水资源利用图、农作物分布图、土壤有机质含量图等。

对统计数据和生态因子进行空间化处理：农业经济统计数据和农业社会统计数据是按行政单元（县、乡）统计的，这种统计方法掩盖了这些数据的空间分布特征。如农药用量、粮食单产等数据在不同地块和农作物上是不同的。对于这类数据采用空间采样和典型调查的方式获取空间分布的点状图,利用空间插值的方法生成一个空间估计面,再进行栅格化处理。

6.决策结果配置分析

我们根据收集的数据资料及研究区域的社会条件和经济条件,并考虑各种作物种植时的影响因素,利用各种影响因素所占的比重,分别对研究区域各乡镇的7种主要种植作物进行了自然适宜性参数的计算。见表8-3,其中1～12代表各乡镇的名称。

表 8-3　各乡镇主要种植作物的自然适宜性参数

名称	农业比重	种植业比重	小麦	玉米	大豆	花生	甘薯	蔬菜	瓜果
1	0.224	0.520	0.183	0.161	0.144	0.096	0.102	0.215	0.227
2	0.266	0.385	0.064	0.077	0.045	0.017	0.094	0.068	0.022
3	0.412	0.328	0.058	0.065	0.074	0.086	0.071	0.066	0.022
4	0.314	0.224	0.060	0.071	0.107	0.094	0.120	0.061	0.018
5	0.157	0.427	0.048	0.047	0.037	0.033	0.111	0.036	0.309
6	0.209	0.663	0.073	0.067	0.038	0.037	0.196	0.066	0.016
7	0.108	0.431	0.066	0.068	0.067	0.022	0.025	0.051	0.004
8	0.353	0.380	0.061	0.074	0.076	0.050	0.099	0.076	0.029
9	0.733	0.398	0.140	0.129	0.135	0.293	0.140	0.106	0.009
10	0.389	0.508	0.045	0.047	0.073	0.045	0.007	0.054	0.020
11	0.283	0.485	0.111	0.085	0.079	0.042	0.028	0.104	0.042
12	0.379	0.532	0.093	0.111	0.128	0.185	0.007	0.097	0.282

计算出各乡镇的作物种植自然条件适宜性参数以后,计算各乡镇的作物调整综合参数来反映各乡镇的作物种植适宜性程度差异。

各乡镇的作物调整综合参数主要是用来反映各乡镇的作物种植适宜性程度的差异。具体计算表达式为:

各乡镇的作物调整综合参数＝农业比重×0.25＋种植业比重×0.35＋某种作物自然适宜性参数×0.4。

计算结果见表8-4。

最后用各乡镇的作物种植综合适宜参数乘全县相应作物拟调整面积,并与各乡镇相应作物原种植面积比较,就可得出各乡镇作物种植面积增减趋势。

表8-4 各乡镇作物调整综合参数

名称	小麦	玉米	大豆	花生	甘薯	蔬菜	瓜类
1	0.097	0.114	0.108	0.093	0.095	0.101	0.135
2	0.071	0.074	0.064	0.055	0.079	0.071	0.057
3	0.075	0.068	0.071	0.075	0.070	0.076	0.054
4	0.056	0.056	0.067	0.063	0.071	0.057	0.039
5	0.065	0.066	0.063	0.062	0.086	0.063	0.148
6	0.098	0.010	0.091	0.090	0.140	0.097	0.084
7	0.064	0.072	0.071	0.057	0.058	0.062	0.052
8	0.077	0.075	0.075	0.067	0.083	0.079	0.061
9	0.118	0.104	0.106	0.156	0.108	0.114	0.067
10	0.091	0.081	0.089	0.081	0.069	0.093	0.073
11	0.089	0.088	0.086	0.074	0.070	0.088	0.074
12	0.099	0.104	0.109	0.127	0.071	0.100	0.158

第九章　地理信息系统在园林中的应用

第一节　园林规划设计的依据与原则

园林设计依据有科学依据、社会需要、功能要求及经济条件 4 个要素。科学依据是指在任何园林规划设计过程中都要依据工程项目的科学原理和技术要求进行。可靠的科学依据,为地形改造、水体设计等提供物质基础;社会需求是指园林设计者要体察人民群众对园林开展的需求;功能要求是指园林设计者要根据人民群众的审美要求、活动规律、功能要求等内容,创造出具有满足人民群众活动的各种功能的园林;经济条件是园林设计的重要依据和基础。设计者当然要在有限投资条件下,发挥最佳设计技能。

园林规划设计必须遵循适用、经济、美观、生态的原则。适用是指园林功能要求要满足人的活动需要;经济是指园林绿化的投资、造价、养护管理等方面的费用问题,减少人力、物力、财力的投资;美观是指园林的布局、造景的艺术要求;生态是指园林规划必须建立在尊重自然、保护自然、恢复自然的基础上。最后的生态原则是近年来园林规划设计所走的大趋势。

第二节　基于 GIS 园林绿化现状调查与数据处理

一、全数字摄影测量进行新增绿地和绿化搜盖测量

(1)先对数字化图上绿地面积线进行处理,使每块绿地线闭合,提取与绿化有关的专题要素(绿地图斑、独立树)和地理要素(水系、道路、建筑物等),形成园林绿化调查专题图。

(2)将专题图导入到全数字摄影测量系统,与数字影像图融合,测量新增绿地。

(3)根据影像,立体测量绿地覆盖边界线,并进行编辑处理,按比例尺输出园林绿化专题图供外业调绘。

二、外业调查

(1)根据实地现况,对内业预处理资料中的绿地和覆盖范围线进行修正,测绘绿化覆盖图斑线、新增绿地图斑线,删除已经不存在的图斑。

(2)根据城市绿地分类标准及代码,实地确定为每个图斑绿地类型(如公共绿地、单位附属绿地、风景林绿地等)及植被构成(如乔木、灌木、草地等),并以此作为内业数据处理及资料入库的标准。

(3)调绘绿化图斑边线及图斑属性,乔、灌木数量比,乔、灌木数量统计,乔+灌、地被、草地面积比等。估算零星乔木、灌木、地被硬盖面积比。调查名木古树的编号、树种、坐落位置、坐标、胸径、冠幅、保护级别。

(4)调绘区界、街道界、公园界、单位权属界等权属界线。

三、外业调查要点

1.单元线调绘

单元线以图幅为单位,按单元(由道路、河流、新村、小区、单位)组成进行绿地分类调查,单元范围线是分类统计依据。

2.单元划定

先以河流、道路为界,将图面划分为几个区,当主次河流、道路相交时,次要的服从主要的,保证主要河流、道路构成一个完整的面。其余单元到实地再根据新村、小区、单位权属界线进一步细分,权属线主要以线状地物(围墙、栅栏、河流、道路、陡坎)为依据。

3.绿地分类调绘

绿化图斑包括绿地图斑和覆盖图斑两种。绿地图斑是指种植花草树木的占地面积,覆盖图斑是指树冠垂直投影的面积,覆盖面积等于绿地面积加上树冠垂直投影超出绿地面积的那部分。

4.乔、灌木数量统计

乔、灌木数量统计与绿地分类调绘同时进行,都以单元为基础,逐一统计单元内的乔木、灌木数量。单元内的名木古树、零星大树要单独统计。风景林中乔、灌木数量采用抽样方法统计,即实地量取有代表性的样点图斑3~5处(长宽各为30 m×30 m),样点图斑标在图上相应位置上,逐一统计图斑内的数量,取平均值,总数量由内业根据风景林的面积计算。若实地上行道树、河岸树间距相对均匀且连贯,可有代表性地量取两树之间的间距3处,求出平均间距,再从图上量取行树、河岸树的总长度,计算其数量。

5.根据绿化种植的种类和种植方式分类

可分为乔木、灌木、草坪、屋顶绿化、垂直绿化、地被,公园、风景林还应表示水面、建筑物、道路广场、空地等。

四、内业数据编辑处理

1.数据采集

选择 AutoCAD 为数据采集平台,用手扶跟踪数字化或扫描矢量化输入的方法,将外业调查图中植被类型与比例,新增的绿地、极盖图斑输入到数据库中与原数据匹配,并输入绿化属性信息。

遥感影像的判读。遥感影像主要是用来采集绿地地块、建筑、道路、附属设施等方面的数据,在采集的时候可以选用 ERDAS、ENVI 等遥感软件平台进行园林绿地数据提取,按照绿地分类标准,在计算机屏幕上直接进行综合解译,有效地弥补自动解译的不足,大大提高解译的精度。采用 ERDAS 可以直接将采集的数据保存为 ArcGIS 支持的 shape 格式。

2.标准图层的建立

在 AutoCAD 中建立图层。可先在 AutoCAD 里建立一个模板,然后每一次需要建立图层时就直接应用模板。在 GIS、RS 软件平台需要新建图层来建立各图层。

3.标准图例的建立

标准图例的建立很重要,首先要明确建立哪些图例,并确定其形状、位置、大小、明度、方向、颜色等,然后决定选取什么软件、方法来建立。图例符号要简单,要易于分辨、醒目、清晰,要考虑设计的图例符号应尽可能地反映较多的信息,要体现多功能性的特点,要使线条、花纹色彩配置和组合成富有寓意和艺术感染力的图例符号。园林绿化图例的建立还应该尽可能做到图例与事物的相似性,在 AutoCAD 中可利用图块方便、快速建立图例。

4.图形编辑

对矢量后的图幅,进行图形编辑,修改错漏、叠置处理、图幅接边,使调查区域融为一体。适当进行数据综合与数据转换。

5.数据格式转换

数据格式的转换首先要确定源数据和目标数据的格式。数据格式的转换都会或多或少地存在一些数据的丢失,所以应该尽可能少用数据格式转换,但是由于现有 GIS 软件在处理图形编辑等方面的功能没有 AutoCAD 方便,所以很多绿化调查还是采用 AutoCAD 来绘制图形数据,然后再转换成 GIS 平台软件格式。选取 ArcGIS 作为平台可以满足园林绿化信息的建库、系统开发、拓展等,ArcGIS9. X 还可以直接读取 AutoCAD 的数据,只需要进行简单的转换,数据丢失较少。

6. 拓扑处理

建立空间拓扑关系。即将 CAD 数据中的绿地、覆盖图斑等数据转成 dxf 格式,启动 ArcGIS,把 dxf 格式转为 Coverage 格式,对无法构面的悬点、碎多边形进行编辑,使其闭合;对修改过的数据做构面处理,使每个绿化图斑都构成面。

7. 属性赋值

启动 ArcGIS,导入处理后的数据,按点、线、面及分类建立专题数据集,编写数据集的属性数据结构表:字段名称、字段类型、字段长度、备注等。

第三节　基于 GIS 园林规划设计

一、平面图规划

建筑实体的绘制都是通过 GIS 软件的绘图工具。GIS 软件提供的绘图工具可以绘制常规的线型实体,主要有直线、曲线、折线以及圆弧等。绘制面型实体,主要有圆形、长方形、多边形、椭圆形、菱形等。在 GIS 软件中,线实体与面实体的区别为,闭合的线实体不能在其内部填充色彩或者图案,但线绘制的实体较为精细;而面实体可以自由填充色彩或者图案,绘制大量相同简单实体时较为便捷;它们的联系是可以互相转化的,GIS 软件可以完全实现对一般地物平面图的抽象绘制。

在一些区域规划中,首先进行主要分区、大型设施及水流系统的绘制。以遥感影像图和地形图为底图,在现状平面图上绘制出主要分区、建筑以及水流。水流的绘制要根据地形及影像,并注意平面视觉美观。

局部建筑和种植的规划设计是对局部细节进行设计。区域中的小区与大区的设计区别在于小区在大区内,它的规划设计更少地考虑地形因素,更多地考虑道路的通达、设计的美观和适用。小区中的实体主要包括居住餐饮区中房屋、停车场、花园、片林和小路。房屋周围分布小型停车场、花园等。

使用一般的绘图软件都会遇到绘制不规则面时边缘圆滑绘制的困难。而大多数规划设计都需要绘制圆滑的面边缘。曲线工具绘制光滑边缘线实体时非常简单,易掌握并且绘制出的图像很美观。用弧线工具绘制出想要的图形后将线数据集转换成面数据集就轻易实现了对边缘光滑的面实体的绘制。植被的规划设计采用将已有的

CAD 植物样图导入 GIS 软件中公园数据源下,只要将 CAD 植物样图大小调整合适,便可以直接拿来作规划设计用。

二、规划图的颜色和图案填充

颜色和图案填充的目的是使规划设计图看起来更加美观清晰。GIS 软件中对面数据集可以进行单值专题图设置,此功能是根据实体不同的 ID 附以不同色彩。一次性自动操作能使整个数据集中绘制的所有实体填充不同颜色。如对色彩不满意可以进行部分实体色彩或者风格的修改。风格除了可以填充颜色外还可以填充图案,供选择的图案来自符号库。GIS 软件支持符号库的自由填充,因此可将实际地物照片如花园照片经过 PhotoShop 处理后以符号的形式添加至符号库,供填充实体图案时选择(如图 9-1、表 9-1)。

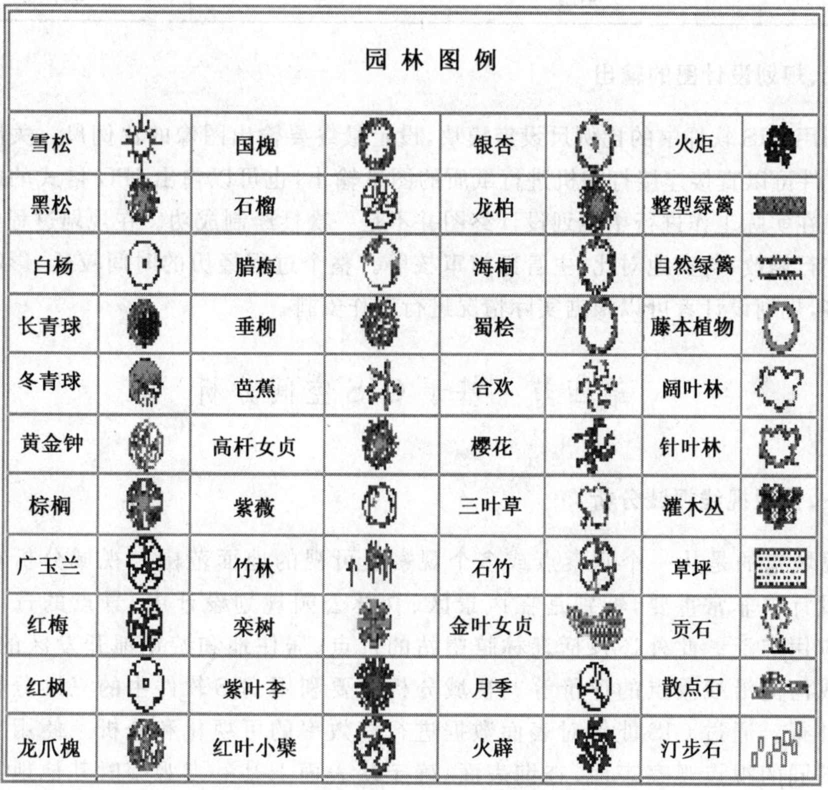

园 林 图 例					
雪松		国槐	银杏		火炬
黑松		石榴	龙柏		整型绿篱
白杨		腊梅	海桐		自然绿篱
长青球		垂柳	蜀桧		藤本植物
冬青球		芭蕉	合欢		阔叶林
黄金钟		高杆女贞	樱花		针叶林
棕榈		紫薇	三叶草		灌木丛
广玉兰		竹林	石竹		草坪
红梅		栾树	金叶女贞		贡石
红枫		紫叶李	月季		散点石
龙爪槐		红叶小檗	火薜		汀步石

图 9-1 园林树木图例

表 9-1 标准图层分层

图层号	图层名称	类　型	颜　色
1	乔木	树木图例	绿色
2	灌木	树木图例	绿色
3	地被植物	地被图例	绿色
4	草皮	草皮图例	绿色
5	道路	线	灰色
6	水体	面	蓝色
7	建筑	线	灰色(或实际颜色)
8	附属设施	线	灰色(或实际颜色)
9	字层	字	黑色

三、规划设计图的输出

利用 GIS 软件中的比例尺设定模块,设定最终要输出图像的比例尺。关闭辅助 GIS 软件可以直接连接打印机进行纸质的图纸输出,也可以输出 JPG 格式的电子图像。但在实际工作进行中规划设计终图并不是一次性绘制成功。在规划过程中要重复地进行修改、与实地对比、主管部门审核等。整个过程经历的时间较长,影响因素也很多,规划设计者可以根据实际情况进行工作安排。

第四节　基于 GIS 空间分析

一、景观视线视域分析

视域指的是从一个观察点或多个观察点可视的地面范围。视域分析在景观规划设计中非常重要,特别是在风景区、森林公园规划设计中,景点的选取和布置中应用广泛。此外还包括森林瞭望站的选点、居住地和游览地开发区的选址、公路或河流沿线景点的评价等。视域分析主要利用 GIS 软件中的三维分析扩展模块进行。通过 GIS 能够对表面数据进行高效率的可视化和分析。使用 GIS 可以从不同的视点观察表面,查询表面,确定从表面上某一点观察时其他地物的可见性,还可以将栅格和矢量数据贴在表面以创建一幅真实的透视图。利用 DEM 生成办法,利用高程点图、高程图、边界及地形图生成 TIN 图,再以每个栅格 50×50 的像元,生成 DEM 数据。并从在矢量地图上选择观测点,计算每个可见图元,可得视域分析图。

视线分析是判断三维表面上任意两个点之间是否通视,可以指定观察点和目标点的高程,也可以通过借用生成纵剖面的方法,绘一条直线,产生沿着该直线的纵剖面,再观察起点和终点间的视线遮挡状况。视域分析是用来确定从三维表面上的某一点向周围观察可以看到的范围,或者沿着某一路径运动可以看到的范围。作视域分析除了要有一个代表三维表面的 TIN 或 Grid 外,还要有一个观察点或观察路径图层。观察点是一般的点状矢量图层,观察路径是三维的 Shape 文件,分析结果是栅格图层,每一栅格单元的取值表示该点被观察到的次数。

二、三维立体可视分析

二维平面的场地分析,可以分析场地内的各项因素的二维平面之间的相互信息,但对第三格方向——Z 轴上的信息却无能为力,一般只靠设计者的经验和想象,缺乏精准的科学分析;或制作场地的三维模型来分析,但成本高,一般很少采用。GIS 的 3D 可视化为设计者提供了走进场地的真实感觉,并可以用真实人眼的高度及走向规律在场地内随意实时浏览,并同设计者有很好的交互性,可随时更改视角方向和角度,使设计人员如身临其景,可让设计者更好地考察场地,得出完善的场地分析结果。首先打开场地的现状底图,将该场地的正摄影图像图叠加上去,在其上绘制主要的建筑及地物的三维模型,此处可以不必过分详细,大体表现出建筑及地物的模型即可。

设计者可以运用 GIS 的可视化功能得到三维景象,可以随意更改视角观察,并可随时点击建筑物、构筑物等各个物体,浏览各个建筑物、道路、地形、人口、风向等详细的自然与社会环境资料;设计者可以对现实场景及场景包含的各种资料作统筹分析,并可绘制模拟飞行路线,对特定场景进行模拟浏览,生成 VRML 文件,可以用 GLView 进行浏览或查看,普通的互联网浏览器也可以通过安装插件的方式进行浏览,所以方便不同地点的设计师可以对同一个场地作出共同的分析,并提出汇总的分析结论及设计草案。

三、坡度和坡向分析

地形地势分析是场地分析中的一项重要工作。地形条件对规划布局、平面结构和空间布置有显著的影响。利用 GIS 软件绘制带有三维透视图的地形分析图,使地形的分析变得更容易。用高程点图、高程图、边界及地形图,生成 TIN 图,再以每个栅格 50×50 的像元,生成 DEM 数据。并通过属性分析,得坡向分析。

第五节　数字园林框架的构建

数字园林的建立园林信息化最显著的特征。数字园林是综合运用地理信息系统（GIS）、遥感（RS）、全球定位系统（GPS）、网络、多媒体和虚拟仿真等高科技手段，对园林的基础设施、功能机制进行自动采集、动态监测管理和辅助决策支持的技术服务体系。数字园林提供给人们一种全新的园林规划建设、管理、工作生活的理念与调控手段，能适应并预测园林的变化，尤其是 GIS 的空间信息综合处理能力与直观表现能力，在处理园林复杂系统问题时，能帮助人们更好地建立起全局观念与模拟直观感（如图 9-2）。但是，园林行业因其特殊专业的需求和空间数据的复杂性，导致数字园林技术的研究与应用相对滞后，难以实现信息共享与交流，造成资源浪费。

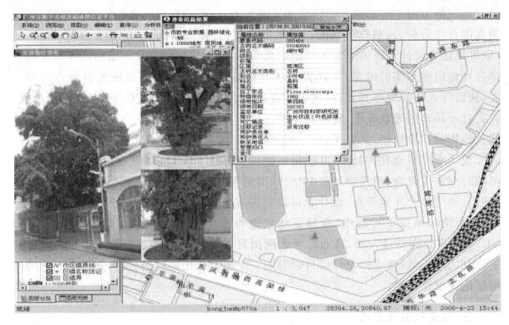

图 9-2　数字园林

一、基于 GIS 数字园林数据库结构与组成

（1）空间数据库由植物各种底层图和专题图层组成。底层图包括深圳市仙湖植物园林地图层、高线图层、林地区划图层、建筑物图层、公里网格图层、河流流域图层、道路图层等；专题图层包括植物园专类区图层、活植物图层、病虫害图层、苗木定植图层。

（2）属性数据库由植物园植物信息数据库（包括活植物、标本、种质资源、生长及物候观测等信息）、实验室数据库、古生物博物馆数据库、科研项目管理数据库、科普信息数据库组成。

（3）植物园活植物信息数据库设计。物种保护是现代植物园的首要任务。目前，植物园物种保护工作的重点在以下几个方面：野外调查、采集和植物多样性编目；引种、繁殖、栽培的研究；组培繁殖、组织保存、生殖生物学和遗传多样性方面的研究；活植物信息管理体系的研究。从信息角度看，包括植物分类信息、植物种源采集号信息、植物个体信息、植物标本信息、植物种质信息、植物培育信息、植物生长观测及物候观测信息。

二、基于 GIS 数字园林数据组织与管理

由于植物园管理和观测等信息与空间地理信息的性质不同，将数据的存储与管理分为属性数据库和空间数据库。

1.属性数据的组织与管理

属性数据库的设计，应按照便于信息的存储和提高数据访问效率的原则科学地规划数据库整体结构。与空间位置相关的属性数据表中，设置空间对象标识号和专类区编号作为关键字，将它们与空间信息图层联系起来。

2.空间数据的组织与管理

BGGIS 空间数据图层使用 ArcInfo 设计，以 Geodatabase 空间数据格式存储，为不同的要素类型设计不同的图层。每个图层的数据表中设置植物个体编号和专类区编号，方便与植物属性和专类区属性关联。

3.属性数据与空间数据的关联

属性数据与空间数据是任何 GIS 系统不同分割的两个部分，它们之间的关联是 GIS 功能得以实现的关键。因此，属性数据库与空间数据库的关联方式也是数据库设计时首先要考虑的。BGGIS 采用空间数据库中的对象标识号和属性数据库的主关键字将它们关联起来，实现属性数据与空间数据的无缝连接。

三、基于 GIS 数字园林网络信息发布设计

网络信息发布设计的目标是实现数字植物园系统在局域网内客户端数据处理和网络公众访问的统一。

1.网络发布工具

（1）服务器端网页设计工具　主要有 Java、ASP、PHP 以及使用高级程序设计语言编写 CGI 程序等。BGGI 在服务器端采用以 ASP 为主要的开发工具。

（2）客户端网页设计工具　网页设计的软件很多，FrontPage、DreamWeaver、Flash、Firework 软件的使用，使网页设计成为只是创意的工作，具体开发的工作显得简单。网页交互功能可用 Java script 和 VB script 实现表单（form）的数据校验、发送、反馈等。

2.网络实现技术

（1）网页设计　网页是信息发布的载体。优秀网页的设计应符合以下要求：信息的组织结构合理，重点突出；界面新颖、特点突出，使客户过目不忘；色彩方案符合企业文化；客户访问速度合理等。

（2）网页交互　主要是用户信息查询表单（form）数据的输入、校验、发送、处理、反馈功能的设计。

（3）数据库访问　包括数据库连接、SQL 语句设计、返回结果处理和返回给客户。

（4）客户连接　当客户访问服务器服务时，系统为每个客户建立一个单独的连接，分配一定的内存资源。

参考文献

[1]邬伦,刘瑜等. 地理信息系统. 北京:科学出版社,2005.

[2]吴信才等. 地理信息系统设计与实现. 北京:电子工业出版社,2009.

[3]胡鹏,黄杏一,华一新. 地理信息系统教程. 武汉:武汉大学出版社,2002.

[4]陈述彭等. 地理信息系统导论. 北京:科学出版社,1999.

[5]李建松等. 地理信息系统原理. 武汉:武汉大学出版社,2006.

[6]胡圣武. 地图学. 北京:清华大学出版社,2008.

[7]汤安国等. 地理信息系统教程. 北京:高等教育出版社,2007.

[8]张超. 地理信息系统应用教程. 北京:科学出版社,2007.

参考文献

[1] ... 2005.
[2] ... 2000.
[3] ... 2002.
[4] ... 北京科学出版社，北京，2007，... 出版社，1996.
[5] ... 北京，... 出版社，1998.
[6] ... 化学工业大学出版社，2002，... 版.
[7] ... 清华大学出版社，北京，... 科学出版社.
[8] ...